# 上海包装设计 1949—1978

Shanghai Packaging Design 1949—1978

李明



上海大学出版社
SHANGHAI UNIVERSITY PRESS

**图书在版编目(CIP)数据**

上海包装设计：1949—1978 / 李明星著 . -- 上海：上海大学出版社，2024. 6. -- ISBN 978-7-5671-4989-2

Ⅰ. TB482-092.51

中国国家版本馆 CIP 数据核字第 20240HV180 号

责任编辑　倪天辰
装帧设计　李明星　倪天辰
技术编辑　金　鑫　钱宇坤

上海包装设计 1949—1978

李明星　著

上海大学出版社出版发行

（上海市上大路 99 号　邮政编码 200444）

（https：//www.shupress.cn　发行热线 021-66135112）

出版人　戴骏豪

*

南京展望文化发展有限公司排版

上海东亚彩印有限公司印刷　各地新华书店经销

开本 710mm×1000mm　1/16　印张 15.25　字数 210 千

2024 年 6 月第 1 版　2024 年 6 月第 1 次印刷

ISBN　978-7-5671-4989-2/TB·22　定价　78.00 元

目　录

# 前　言

新中国成立后，政府为了让经济步入正轨，在 1949—1978 年期间实施了计划经济体制[1]。上海市的工商业生产得到恢复和发展，轻工业消费产品种类增多。在计划经济时代，我国的对外贸易以“协定贸易”为主，国内市场是“统购包销”，产品包装的功能主要是保证其贮藏、运输中的安全。由于“皇帝女儿不愁嫁”，国内销售商品的包装比较落后，上海亦是如此。“文化大革命”时期，在文艺为政治服务的社会背景下，内销商品的包装普遍带有强烈的政治色彩，具有鲜明的时代特点。受外贸出口和世界商品经济发展的冲击，我国有关领导和部门逐渐重视出口商品生产和商品包装设计的改进工作。

1. 王询，于秋华 . 中国近现代经济史［M］. 大连：东北财经大学出版社，2004：216.

新中国成立后的上海包装设计与共和国的命运，以及上海独特的城市个性紧密相连，在跌宕曲折的历史进程中逐渐转化成为社会主义建设的内在经验，其主体特征的流变主要表现为消费性与民族性的此消彼长，背后的深层动因则和新中国在不同阶段的发展息息相关。1949 年是我国现代化历程的转折点，伴随着国家的建立，社会主义改造的完成和由大规模工业化走向“现代性”国家的探索，我国包装设计呈现出传统与继承、内需和外销、艺术价值与生产水平的多种矛盾和冲突。本书将 1949—1978 年的上海包装设计作为研究重点，借由搜集与梳理相关文献，对包装年表（1850—1980 年）进行梳理，对上海地区 977 家新中国成立前后与包装相关的工厂的沿革情况进行整理、归纳，并以图表的形式呈现，考察新中国成立后上海包装设计的演进轨迹和发展特征。

本书概述了 20 世纪 50 年代到 70 年代上海包装设计行业的基础状况，从职能机构、管理体制、队伍建设以及设计教育等四个方面交代了时代背景；考察多元互动的上海包装设计转折期的历史，分为新中国成立初和“一五”时期两个阶段，同时对该时期公私合营进程中相关包装工厂企业的沿革情况进行整理和图表化表达；对矛盾相间的上海包装设计发展期的线性描述，分为“大跃进”时期、国民经济调整时期和“文化大革命”时期三个阶段；并且着重梳理上海包装相关产业在新中国成立后的前 30 年的发展状况，包括工艺技术、主要产品、包装材料等。通过梳理，理清包装材料和印刷制造等工厂的变化情况，同时将上海包装年表整理成文；试图从历史角度回望该段时间上海包装设计的表现形式、发展的根本原因，探究上海包装设计在兴衰变迁中所蕴含的历史意义与社会价值；试图从艺术设计专业的角度解释，对在社会主义体制下包装设计发展进程中一些本源性、结构性的矛盾做出剖析，并概括本书的主要成果、现实意义和后续的研究前景。

# 第一章　上海现代包装设计发展的行业基础



1949 年 5 月 27 日，当时中国和亚洲最大的城市，中国最重要的工商业中心——上海，宣告解放。由于多年受中西文化交融的影响，上海的包装设计早已呈现较成熟的产业链条。同时，上海也拥有一支在全国屈指可数的艺术设计队伍，不仅人数多，专业化程度高，而且商业职能特别突出。一方面具有包装设计完整的产业链条，另一方面具有成熟的设计队伍，上海具有的这两个前提，为支援新中国的工业生产和塑造社会主义生活方式提供了便利条件。然而，当人民政府提出“变消费城市为生产城市”的发展方针后，无论是包装行业还是设计人员都面临着艰难的转型过程。新中国成立后，政府通过设立一批国有的设计职能机构来网罗收纳人才，并通过政府项目委托和政治思想教育来引导他们服务于新的执政理念。商业包装在此过程中，作为一种商业或设计者的意识产出，自然也随之发生了对应改变。1949—1978 年的 30 年间，是中国包装设计发展的一段特殊时期。自民国以来初步形成的包装设计体系在新中国成立后戛然而止，商业美术设计活动也逐渐告一段落。虽然基于商业需要的包装设计在这一时期的国内基本停滞，但是艺术设计活动却以另外的目的和形式得以继续发展。

## 第一节　职能机构与管理体制

新中国成立后的政治宣传、经济重建与文化发展都需要大量的设计服务，上海集中了一大批专业化程度较高的设计人员，为此奠定了良好的智力和人力基础。20 世纪五六十年代，上海还向全国输出了许多设计企业和设计人员。由于上海在 1949 年之前的商业基础雄厚，商品的生产和制造水平处于全国领先地位，因此包装设计也有扎实的基础，具备良好的发展条件。然而，当这座城市开始从商业向工业、从消费向生产转型时，一个突出的问题便是：大量的商业设计人员应该以何种方式参与社会主义制度运行？政府一方面鼓励他们继续发挥专业技能，因为工商业对美术设计仍然保有不少需求，政府委托项目也在快速增加；但另一方面又希望改变他们的观念和思想，引导他们从注重商业化和消遣性转变到为工农服务、为生产服务以及开展群众性的设计创作活动。一些普及性、群众性的项目成为设计的重心，新中国成立前以广告画著称的一批工商美术家，如蔡振华、丁浩、张雪父等都开始脱离商业味浓郁的广告公司而转到了其他单位[1]。此时上海包装设计的表达重心也由原来的商业为重，转换为国家生产和意识引导为重的方向。比如图 1.1.1 中明显看到“为人民

1. 以著名美术家、设计家蔡振华为例，新中国成立初他在幻灯厂担任创作室主任，主要工作是画连环画和设计幻灯片片头，1953 年加入华东人民出版社，1956 年调至上海美协。蔡振华 . 蔡振华艺术集［M］. 上海：上海人民美术出版社，2008：1.

服务”、毛泽东诗词等内容（图 1.1.1[1]）。

1953 年过渡时期“总路线”发布后，中央明确提出对民族资产阶级“利用、限制、改造”的六字政策，工商业公私合营的速度开始加快。1954 年初，上海手工业合作化开始，第一批工艺美术企业走上合作化道路。1955 年初，上海私营工商业开始实行归口管理。1956 年初，上海私营工商业和手工业的社会主义改造基本完成。原来上海众多小型包装生产厂进行了转、并、改等工作，不同区域和不同规模的包装生产厂家，进行了相应的合并和更名（图 1.1.2[2]）。在新的形势下，上海包装设计的呈现也处于一种被动状态，包装设计行业的管理和创新形式的探索变得势在必行。



## 一、包装设计相关队伍的职能转型

新中国成立初期，政府主要通过委托和号召来引导设计职能的转型，大规模组织配合历次政治运动开展的主题创作

1. 图片来源：笔者收藏。

2. 该图系笔者根据资料整理，资料来源：上海包装装潢公司。

图 1.1.1　20 世纪 60 年代铁皮茶叶罐

成为那个年代耀眼的社会景观。以1950年初的“人民胜利折实公债”宣传活动为例，这是新中国第一次发行国家公债。上海市政府把推销“人民胜利折实公债”作为当年全市的六大任务之一，为此充分发扬了高度重视普及性宣传工具的革命传统。上海市公债推销总会除设立宣传处外，还专门设立宣传委员会，负责相关主持新闻、广播、招贴、传单、漫画和影剧等的设计事宜，围绕运动的每一步骤，利用了包括宣传册、招贴画、标语、公债彩印圆花、印花、漫画、连环画、公交车辆宣传画、酒菜馆宣传画、广告牌、霓虹灯、幻灯片、电影短片、气球等几乎一切宣传形式，进行各行各业的广泛动员，昔日的商业竞争手段由此被纳入政治宣传的范畴之中，密集、高效、全面



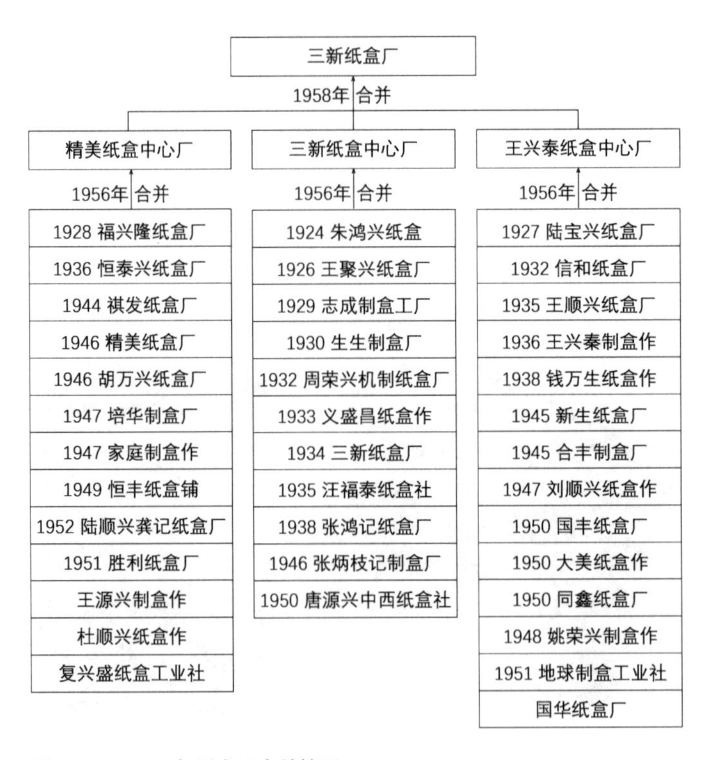


图 1.1.2　1956 年纸盒厂合并情况

和新颖的宣传设计为上海最终完成占全国三分之一的本次国家公债认购份额提供了有力支持。新中国成立后，上海协大祥绸布店创始人孙琢章之子积极响应党的号召，在劳军捐献、抗美援朝、认购“人民胜利折实公债”等号召之中一直走在前列。协大祥一家就捐献了当时市值 1.5 亿元的战斗机一架。协大祥在棉布行业中是领先者，协大祥商品的包装和宣传无不与国家号召统一（图 1.1.3[1]）。

在职能转型中，与设计主题的更新相比，设计语言的习惯范式却并不容易一下子转换过来。新中国成立之前上海包装和月份牌除了简单的文字排列之外，大多以时尚流行的内容为表达对象，除了文字的描述之外，还有很多描绘“时髦人物”的表达。对于将劳动人民画成公子小姐的做法，时任文化部美术处处长的蔡若虹指出这是缺乏对“美”的正确理解，将消费者的形象套用到了生产者身上[2]。同年，文化部发出了《关于加强对上海私营出版业的领导，消除旧年画及月份牌年画中的毒害内容指示》。这些都反映出由于上海的特殊性，设计队伍的转变过程相较



1. 图片来源：99778 收藏网站 https://www. 997788.com/pr/detail_149_88766961.html.

2. 蔡若虹 . 关于新年画的创作内容［J］. 美术，1950（2）.

图 1.1.3　1951 年协大祥推出的上海市广播电台节目单

于其他城市是更为艰巨和复杂的。1952 年 12 月至 1953 年 3 月，上海文化局举办了“上海美术工作者政治学习班”，学员共 163 人，其中包括 71 名国画家和 65 名年画与工商美术家，该学习班在政治上的启蒙教育使这批所谓“小资产阶级分子”初步认识了新阶段文艺创作的主导方向。月份牌设计家金梅生曾以《菜绿瓜肥产量高》(1955)荣获第三届全国年画评奖一等奖(图 1.1.4[1])，他在 1958 年的一次年画座谈会上说：“解放以后，才知道画画是为



1. 图片来源：笔者收藏。

图 1.1.4　1955 年出版的《菜绿瓜肥产量高》年画，作者：金梅生

人民服务，要为工农兵服务，要推进社会主义建设，要对社会生产有积极作用，共产党来了，使我们懂得了很多道理。”[1] 这多少反映出上海设计人员在如何为政府服务这一问题上的心路历程。

20 世纪 50 年代中期，工商业和手工业的社会主义改造完成以后，大量设计人员被纳入国有或集体所有制的企业编制，成为“单位人”[2]，社会上商业委托的空间也大大缩小了，设计队伍的职能开始全面转变为为工农业生产和人民生活服务。计划经济体制下，设计的商业竞争职能更多地在对外贸易领域得以体现。



## 二、国营设计机构的建立

1949 年 5 月 31 日，以吕蒙为主任的上海市军管会文艺处美术室成立，其主要职责是指导上海美术团体工作及编辑画报、宣传政府政策等一系列活动事宜，这就需要大量美术人员为新上海的各种“新文艺”工作服务。与此同时，美术室也将“确立美术工场的建立计划”作为主要的建设任务纳入工作计划之中。同年 8 月，“上海美术工场”[3] 在上海永嘉路逸园[4] 成立，沈柔坚担任第一任场长，与包装相关设计的核心美术设计人员有张雪父（装潢美术室主任）、倪常明、黄善赉等人。这就是后来上海美术设计公司的前身，此间产生了大量民族化的优秀包装作品。

由于行业属性，新中国成立前从事包装设计的主要是工商业、手工业的中小私营企业或个人，人员分布比较分散。新中国成立头几年，在社会主义生产关系和体制都尚未完善的条件下，大量的社会性包装设计业务仍主要依赖事务

1. 吕澍 .20 世纪中国艺术史（下）［M］. 北京：北京大学出版社，2007：2.

2. 1956 年初，上海私人开业建筑师及其从业人员一致申请加入国家设计机构，被上海市建筑工程局全部接收。申请参加国家设计机构工作已被接受［N］. 新民晚报，1956-01-23（4）.

3. 1951 年 1 月 1 日改称为“上海人民美术工场”。

4. 原上海法商赛跑会场地，1951 年 10 月起辟为“上海市人民文化广场”。

所和自由职业者等旧体制下的企业或个人来实现。1952年以后，政府通过成立国营公司来加强对包装设计业务的主导。广告设计、包装设计等行业体系的全面整合则伴随工商业和手工业的社会主义改造而逐步推进。

在整个公私合营期间，上海为数众多的广告公司或歇业、或以私方的身份加入上海市广告商业同业公会。比如有中国广告“老爷爷”之称的徐百益，当时就用益丰广告公司的名义参加了同业公会，他本人则在 1950 年 6 月被聘为上海市广告商业同业公会的筹备委员[1]。1951 年 2 月 12 日，新的上海市广告商业同业公会正式成立，会员单位共有 78 户，分为报纸组、路牌组、其他组；次年 3 月统计时为 108 户；1956 年 1 月统计数为 69 户[2]。

按照上海市广告商业同业公会成立之初的章程，其宗旨是“在人民政府领导下依据共同纲领之规定，贯彻公私兼顾、劳资两利、城乡互助、内外交流的总方针，而达成发展生产、繁荣经济之目的”，其任务是“执行政府政策及政令、协助调整劳资关系及调解同业争议”[3]。一般情况下，同业公会能够及时而正确地了解政府政策，加强同业之间的交流与联系，解决同业所面临的具体困难，并积极开展相关业务。但在日趋频繁的政治运动中，公会各会员单位均面临着停产的危机。1952 年 11 月 4 日公会所作的工作报告出现了“广告业在过去曾一度繁荣，现在却显得比较困难”的记录。该报告后有一份“广告商业与国计民生的关系”，对其中的原因作了说明。概言之，一是“五反运动”致使工商各业均告缩小；二是私营厂商广告费不得列为成本计算；三是私营厂商产品由国营公司包销，广告费用可以节省；四是会员对本行业前途缺乏信心，部分会员



1. 毛经权 . 徐百益广告文选（未刊本）［M］. 上海市广告协会 . 另参阅上海市档案馆“上海市工商业联合会筹备会关于聘孙道胜等十五人为上海市广告商业同业公会筹备委员请查照办理移交的公函”。

2. 上海市广告商业同业公会筹备会填报的成立日期基本情况表［R］. 上海：上海市档案馆，C48-2187-85.

3. 上海市广告商业同业公会筹备会关于报送成立大会经过并附工作总结报告、章程、执监委员选举办法及当选执监委员名单请予察核并转呈工商局备案的函［R］. 上海：上海市档案馆，C48-2-202-75.

劳资关系未能解决。[1]其结果就是：1955年8月，上海市广告商业同业公会主任委员孙道胜、副主任委员胡谭明因各自经营的广告公司经营困难也不得不面临歇业，两人随之辞职。这种情况进一步说明这个时期私营广告企业的经营方式已受到客观条件的严重阻碍，整个行业举步维艰。广告业经营困难，包装业在此期间也受到一定影响，除了满足一定的功能性包装要求和品名展示之外，在包装设计中多余的装饰和设计创作均有所限制。1955年11月，上海市广告商业同业公会会员向上级主管部门致函，主动要求安排社会主义改造。1956年8月9日、10日两天，同业公会路牌组召集主要会员就“本业经济改组”进行了讨论。[2]至此，成立一家广告总公司就成为公会的主要议程。



中央非常重视艺术设计对社会主义建设的积极作用，“一五”期间，主要领导人多次提出建立设计职能机构，接纳私营工商业和手工业中的设计人员。1955年12月，全国人民代表大会委员长刘少奇在听取中央手工业管理局、纺织工业部和地方工业部汇报时，多次指出要把设计师“养起来”。他说：“为了研究新产品，要把资本家中会搞设计的人养起来”；“中国设计新产品的人，往往是些不著名的人物，他们不是知识分子，但确有本事。应该设立一个机构，把这些人养起来，让他们专门想新产品新花样，还给奖金”；“花色品种要注意。要专门搞个机构，把技术高的手工业者养起来，他们有新创造就马上奖励”。[3]1956年3月，毛泽东对工艺美术行业提出：“自己设立机构，开办学院，召集会议。”

在这些有利条件的推动下，上海的文化、商业、出版、轻工、纺织、工艺美术、外贸等部门陆续建立了一批设计机

1. 上海市广告商业同业公会工作报告［R］. 上海：上海市档案馆 .S107-3-1.

2. 上海市广告商业同业公会关于启用新章经济改组调整专门委员会委员名单以及对工商联若干组织问题的意见［R］. 上海：上海市档案馆 .S315-4-5.

3. 刘崇文，陈绍畴 . 刘少奇年谱（1898—1969）下卷［M］. 北京：中央文献出版社，1996：9.

构，通过吸收社会上的优秀设计人员，进一步强化了设计队伍。[1] 大型设计企业中比较有代表性的是"三大公司"：上海美术设计公司、上海市广告公司和上海市广告装潢公司。

上海美术设计公司隶属文化局，前身是上海人民美术工场，1952 年并入上海文化广场社会文化服务组。为适应社会对美术设计的迫切需求，1956 年 5 月，社会文化服务组扩大改组为上海美术设计公司，首任经理为涂克，下设美工科、生产科（模型工场、布置工场）、雕刻组等。同年 11 月底的一份报告记载该公司共有人员 214 人（含临时工 100 人），其中美术设计人员 23 人，包括从事工商美术的张雪父、黄善赉、倪常明，以及从事展览布置的周月泉、王如松、郭洪生等骨干人员。业务范围集中在会场布置、模型制作、工业品美术、商标设计、包装设计、唱片封面等方面，几乎垄断了上海官方的展览、布置和陈列业务。



1. 以著名水彩画家李咏森为例，他在 1928 年就进了中国化学工业社任美术设计，社会主义改造结束后，上海成立了日用化学工业公司，李咏森担任该司美术设计组组长。

上海市广告公司隶属商业局，前身是中国广告公司上海市公司。1956 年，上海广告同业公会 100 余家公司实行了公私合营，联合成立中国广告公司上海市公司，并按照计划经济模式，将业务范围归组合并为荣昌祥广告公司（路牌广告）、联合广告公司（报纸广告）、大新广告公司（印刷品广告）、银星广告公司（幻灯片广告）、工农兵美术工场（橱窗广告）和联挥广告美术社（照相喷绘），其中美术设计人员共 18 人。1956 年 6 月，副总理陈云关于改变工商关系的讲话发布之后，上海广告业摆脱了 50 年代初以来流行的"社会主义企业不需要做广告"的观念桎梏，包装设计也随之迎来了良好的复兴势头。在这样的背景下，下半年成立了技术研究组，吸收社会上的个体画家归队，翌年成立设计科，统一办理各基层单位的画稿。中国广告公司上海市公司1958年改组为上海市广告公司，主要服务国内市场，共有王万荣（原荣昌祥广告公司经理）、徐百益（原益丰广告公司经理）、朱振霄（原大新广告公司经理）、韩维诚、薛石生等从业人员400多人，除集中原有各广告公司的设计力量外，还从兄弟单位调进美术人员，共增加了20余名设计师，路牌、幻灯片、橱窗、电话簿、外贸包装等设计业务取得了一定程度的发展。上海市广告公司的成立受到中央商业部的高度重视，经常来人指导。“文化大革命”期间，由于广告被彻底批判，被迫改名为上海市美术公司。

上海广告公司隶属于对外贸易局。上海作为最大的外贸出口基地，各进出口公司都设有自己的样品宣传科，对外发送样本、样品、样照以作广告宣传。在此基础上，1958年底，上海市对外贸易局配备专人筹建“上海对外贸易出口商品美术工艺综合工厂”，负责上海市口岸各出口公司的宣传、设计、制作、印刷、摄影及对外宣传的管理工作。综合工场建立了较为完整的广告形式，除报刊、路牌、目录、样本外，并有立牌、幻灯、电影、月日历、纪念册、日记本、橱窗等30余种，覆盖面达90个国家和地区。1959年底更名为“上海对外贸易美术设计公司”。1962年6月，对外贸易部在此基础上成立上海广告公司，根据内外贸分工原则，原上海市广告公司外贸组人员加入。下设7个科，初始共有编制127人，业务部门包括广告科、设计科、摄影科和展出科，设计人员有宋连祁、马永春、徐昌酩等。上海广告公司既是对外广告宣传的管理部门，又是为出口业务提供广告支持的服务部门，作为中国唯一的国际广告专业代理机构，代理当时全国八大口岸——北京、上海、天津、大连、福建、广东、湖北、山东等省市的所有出口商品广告，直接与世界各地的广告机构建立业务联系，至 1966 年共在 47 个国家和地区的 157 家报刊上刊出商品广告 6 000 余次，年均使用外汇宣传费 25 万元，对“红双喜”“美加净”“双钱”等大批名牌商品的培育助力甚多，成效显著（图 1.1.5[1]）。同时对外贸易中所用到的对外广告宣传也未停止，针对创作环境和设计师的参考资料管理也相对宽松。据上海广告公司原美术设计师任美君介绍，“在国内总体原则不变的情况下，在出口产品包装和广告设计工作中设计师有较多的创作自由和空间”（图 1.1.6[2]）。

1. 图片来源：https://www.997788.com/pr/detail_3046_74242127.html.

2. 图片来源：由上海广告公司原美术设计师任美君老师提供，作者：任美君，作于 1968 年。

图 1.1.5　20 世纪 50 年代“红双喜”牌乒乓板包装盒

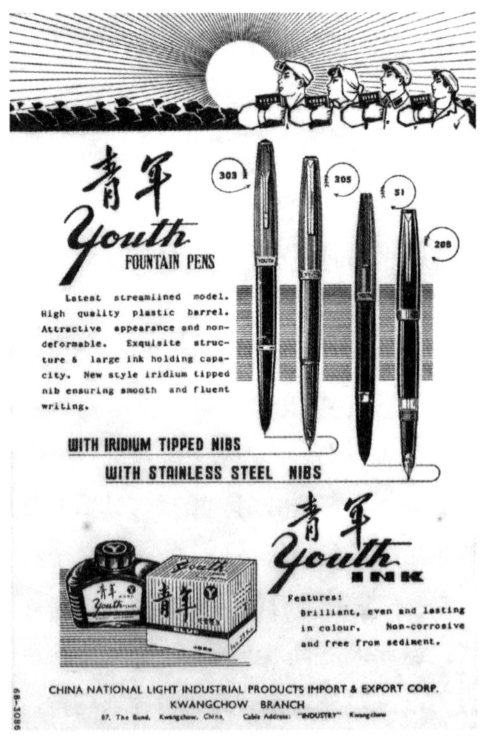


图 1.1.6　20 世纪 60 年代刊登在坦桑尼亚《民族主义者报》上的对外贸易广告

1957 年 5 月，上海美术设计公司与中国广告公司上海市公司联手在南京西路上海美术馆联合举办“国内外商品包装及宣传品美术设计观摩会”，展出国内外各类广告美术作品 500 余件，参观人数达 6 000 余人。两家公司的这种协作关系从初建就开始了。1959 年，“大跃进”运动如火如荼，公司业务也呈现出“大跃进”的姿态，仅公司布置工场一年就完成了全国工业交通展览会综合馆、冶金馆，以及在印度举行的国际农业博览会中国馆等大型任务 31 项，而中小型任务则多达千余项。[1] 但由于“三年自然灾害”的影响，公司也面临着展览会、博物馆、纪念馆等常规业务减少又不得不主动争取业务的局面，直到 1962 年下半年才逐步开始扭亏为盈。即使在这种情况下，公司也按照“文艺服从政治、形式服从内容”和“百花齐放、推陈出新”的文艺方针，于 1961 年 6 月 6 日与中国美术家协会上海分会拟定了工商（装潢）美术作品的观摩计划，蔡振华任筹备委员会主任委员，委员有曾路夫、张雪父等。同年 6 月 14 日至 21 日，工商美术作品观摩会在上海美术展览馆举行，作品以上海美术设计公司的优秀装潢美术作品为主，展出商品包装、商标设计、宣传品设计、书籍装帧及其他装潢设计共 200 余件。[2] 及至 1964 年，公司各项业务有了很大增长，各种展览会、集会、迎宾会布置工作，各种图片、模型、室内装饰、内外销商品的装潢设计与制作任务繁多，为此还撤销了在困难时期为解决业务清淡而专门成立的商品生产组，并向各方面借调及增用临时工作人员三四百人之多，是公司成立以来所空前未有的状况。

这三大国有公司的逐步成立，形成了上海广告和设计业的鼎盛之势，包装设计也在三大公司中多有创作显露。三大



1. 上海美术设计公司布置工场的先进事迹［R］. 上海：上海市档案馆 .B172-5-381-161.

2. 上海美术设计公司工商美术作品观摩会计划［R］. 上海：上海市档案馆 .B172-5-433-134.

公司建制全面，分工明确，其雄厚的综合实力位居全国之首，各地委托业务也纷至沓来。

## 三、计划经济下的设计管理

“一五”时期初步建立了计划经济下的设计管理体制，设计职能机构普遍依据行业分工，采用条块分割的归口管理模式。文化、商业、外贸、出版系统的设计人员通常属于文艺编制，轻工、手工、纺织等系统的设计人员通常属于技术编制。轻工、手工和纺织等系统根据行业成立专业公司，对同一行业不同经济性质的企业实行统一领导，建立“局（技术处）—公司（设计科）—工厂（设计室）”的三级行政管理体制（表 1.1.1）。设计业务比较集中的行业，常在公司一级设立统一的设计科，而设计量大、类型复杂的行业在局一级设技术处，下辖公司设计科，负责设计、选样、培训、科研等综合性业务，公司下属工厂另立设计室，负责具体的设计项目。以上海纺织工业



表 1.1.1　上海主要设计职能机构的归口管理和经营范围（1953—1957）

| 归口系统 | 职能机构 | 管理局 | 主要业务范围 |
| --- | --- | --- | --- |
| 文化系统 | 上海美术设计公司 | 上海市文化局 | 会场布置、模型制作、工业品美术 |
| 商业系统 | 中国广告公司上海市公司（上海市广告公司前身） | 上海市商业局 | 路牌、报纸、印刷品、幻灯片、橱窗、照相喷绘等广告 |
| 外贸系统 | 上海各外贸公司样品宣传科 | 上海市对外贸易局 | 外贸商品包装、宣传品、报刊广告 |
| 轻工业系统 | 搪瓷、玻璃、医药、油脂化学、烟草等公司美术设计室 | 上海市轻工业局 | 轻工业产品美术 |

管理局为例，局一级设技术处，主管生产技术、工艺设计等；公司一级的设计单位有上海市丝绸工业公司下属的上海市丝绸科学技术研究所印花图案设计工作组等；工厂一级的设计单位有上海纺管局下属各家印染厂的图案设计室（由厂长直接领导）。刚开始的时候，各单位之间业务范畴并不统属得很严格，彼此有分工，也有竞争。随着“左”的思想逐渐占据上风，设计机构和生产机构一样，业务高度垄断集中，在指令性计划的调遣下，逐渐变成在上海、华东地区，甚至全国都独一无二的职能部门。[1]



如此条块分割的归口管理体制造成设计业态趋于单一化、专门化和垄断化，不利于业务的系统性展开。中国广告公司上海市公司成立时，旗下六大公司的经营范围泾渭分明，由于性质相近的业务的流动性较强，如此切割业务对设计质量造成了不小的影响，对包装设计的输出也产生了一定影响。上海商业局一份文件如是说：“如设计画稿来讲，同一客户，路牌生意成交，要搞一张画稿。灯片生意成交再搞一张画稿，以此类推，多一个广告品种，就多画一张稿子。这样不但使设计科增加负担，而且缺乏系统性的广告设计。”[2] 所以后来成立上海市广告公司的时候，撤销了原属六大公司，把美术设计的业务统一归口到公司一级，下设上海霓虹灯电器厂、上海市广告装潢美术厂、中艺美术公司。不合理的分工产生的局限性比比皆是，甚至在部门内部都难以避免。比如出版社美术科负责的书籍装帧仅等同于封面设计，因为出版科中还另设有版型组，技术编辑负责书籍内页排版。所以那时的书籍装帧设计师基本是“名不符实”的，职能分工限制了他们从事书籍整体设计的可能。

1. 1956 年，上海商业局的一份文件中记载，文化局下属设计公司、商业局下属广告公司和工业局下属美术合作社联社在设计业务上比较相似，总是抵牾不断。提出的解决方案具有鲜明的计划色彩：将设计业务切割，设计公司负责纯粹政治宣传性质的业务，广告公司负责一切商业广告业务，而美术合作社联社负责“小稿样设计”。上海市广告商业同业公会关于上海市广告业经济改组的工作方案［R］. 上海：上海档案馆，B123-3-391.

2. 上海市第一商业局、市百货、煤建、交电等公司吸收社会人员工作报商业一局的来往文书，1956 年［R］. 上海：上海档案馆 .B123-3-175.

“一五”期间，计划经济体制的确立一方面在当时工业基础比较羸弱的情况下，确保了优势的人力、物力资源在重点项目上高度集中；另一方面却使艺术设计的业务和管理呈现出条块分割、业务单一的局面，生产与供销的分离又导致了多重领导，而一些不合理的归口管理方式更是为日后走向低效、封闭、僵化的道路埋下了隐患，这在工艺美术行业体现得尤为明显。

“文化大革命”前期，设计管理体制随社会动荡陷入混乱，职能单位的设计队伍纷纷解散，人员下放劳动，尤其是内销企业的设计工作陷于无人负责的状况。面对人手短缺和管理失控，跨业设计以及群众性的业余设计得到鼓励和提倡。20 世纪 70 年代，特别是 1972 年美国总统尼克松访华以后，随着对外贸易工作再度受到重视，设计管理的混乱状况得到一定程度的改善。1973 年，国务院 46 号文件颁布，轻工业部建立了工艺美术公司，各省、市、自治区都相继建立和健全了工艺美术管理机构（公司、处、科），工艺美术重点产区的省辖市、地区和县也都建立了公司，并且直接经营一部分供销业务。[1]



1. 轻工业部政策研究室 . 新中国轻工业三十年（上）［M］. 北京：轻工业出版社，1981.

## 第二节　设计队伍的规范和地位状况

### 一、设计人员的数量、构成与分布

20 世纪 20 年代后期到 40 年代前期，伴随着文化事业的活跃和城市工商业的日益繁盛，上海在月份牌、商标、广告、书籍装帧、包装等方面出现了一批才华横溢的设计家和具有时代特征的优秀设计作品。鉴于当时的行业分工尚未细化和明确，所以不可能有后世所谓“设计师”的专职名号，人员的构成和来源比较复杂，其中尤以广告、出版、包装等实用美术方面的人员为盛，也有跨界客串的名流人士，身兼多职的现象并不罕见。上海包装设计队伍的规模就全国而言，应该说起点比较高，但是 1949 年后的队伍建设始终受到人才培养和人才输出的双重困扰，所以规模增长和素质提升都不明显。同时，设计人员的分布较不均衡，多集中在商业美术领域，这个现象一直到 20 世纪 60 年代初才有所改观。

新中国成立之初的上海，可以说是全国各大城市中美术工作者聚集最多的地方。1952 年的统计数据表明上海各类艺术专业团体的会员合计达 1 000 人以上，其中参加美术家协会的就有 465 人。更重要的是，美术家协会会员中三分之一是专业画家，教师仅 60 多人，形成了以美术家为主体的设计师群体。这和当时各中小城市美术工作队伍以中小学教师和业余画家为主的情况迥然相异。[1]

这千余名美术工作者就构成了新中国成立后上海设计队伍的基础力量，根据对上海档案馆馆藏档案的不完全统计，到了 20 世纪 50 年代末，上海美术设计队伍的规模大概维持在 1 300 人左右（表 1.1.2），美术家协会会员共 199 人，其中具有独立设计能力且水平较高者 177 人，不到 15%[2]，这意味着与新中国成立初相比，高水平的设计人员减少了近 60%。

从统计数据中不难发现，当时上海设计力量的构成与分布呈现明显不均衡的现象。设计人员多分布在上海人民美术出版社、上海美术电影制片厂、上海美术设计公司、上海



1. 上海市文化局关于一年来上海美术工作的报告［R］. 上海：上海档案馆 .1952：B172-1-74-46.

2. 上海市文化局关于上海美术工作队伍的基本情况及加强美术工作领导的请示报告［R］. 上海：上海档案馆 .B172-5-242.

表 1.1.2　上海美术设计队伍的人数和分布（1958—1959）[1]

<table>
<tr><th>归口系统</th><th colspan="2">职 能 单 位</th><th>人数</th><th>备　　注</th></tr>
<tr><td rowspan="7">文化系统</td><td colspan="2">上海美术家协会</td><td>6</td><td>业务骨干</td></tr>
<tr><td colspan="2">上海美术学校</td><td>5</td><td>专职教师</td></tr>
<tr><td rowspan="4">上海美术设计公司</td><td>展览布置</td><td>32</td><td rowspan="4">另有行政干部 2 人</td></tr>
<tr><td>装潢设计</td><td>25</td></tr>
<tr><td>雕塑</td><td>10</td></tr>
<tr><td>模型</td><td>15</td></tr>
<tr><td colspan="2">文化局艺术处</td><td>3</td><td></td></tr>
<tr><td rowspan="5">商业系统</td><td rowspan="3">上海市广告公司</td><td>美术设计</td><td>59</td><td>含临时工 16 人</td></tr>
<tr><td>印刷制版</td><td>12</td><td>含临时工 1 人</td></tr>
<tr><td>其他</td><td>78</td><td>照片绘修、油绘</td></tr>
<tr><td rowspan="2">广告美术协作小组</td><td>美术设计</td><td>58</td><td rowspan="2">自由职业合作组织，另有艺徒 12 人</td></tr>
<tr><td>照片绘修</td><td>11</td></tr>
<tr><td rowspan="8">轻工系统</td><td rowspan="2">玻璃搪瓷工业公司</td><td>保温瓶厂</td><td>3</td><td>共 7 家热水瓶厂</td></tr>
<tr><td>搪瓷品厂</td><td>11</td><td>共 10 家搪瓷品厂</td></tr>
<tr><td colspan="2">医药工业公司</td><td>16</td><td>共 16 家药厂</td></tr>
<tr><td colspan="2">油脂化学工业公司</td><td>3</td><td></td></tr>
<tr><td rowspan="4">工艺美术公司</td><td>国画艺术生产合作社</td><td>69</td><td></td></tr>
<tr><td>美术模型厂</td><td>15</td><td></td></tr>
<tr><td>民间工艺美术生产合作社</td><td>28</td><td></td></tr>
<tr><td>工艺美术研究室</td><td>27</td><td>含艺徒 12 人</td></tr>
<tr><td>总人数</td><td colspan="4">486 人</td></tr>
</table>



1. 上海：上海档案馆 .B172-5-242.

市广告公司和纺织印染公司等单位，这表明核心队伍集聚在出版、纺织、装潢、会展、广告等领域，行业空白点还有很多。如果不考虑手工业生产为主的工艺美术工业公司，设计力量分布最薄弱的是轻工业系统。新中国成立后的 10 年，上海轻工业局已有下属专业公司 26 家、工厂 10 000 多个，但其中的美术设计人员却少得可怜。作为中国搪瓷、保温瓶等日用器皿工业的起源地和集中地，上海玻璃搪瓷工业公司下属每家工厂平均仅有设计人员 0.7 人，其中 10 家搪瓷制品厂仅有设计师 11 人，7 家热水瓶厂仅有设计师 3 人，而 2 家玻璃器皿厂居然无设计人员。1958 年，《新民晚报》上刊登了中国杂品出口公司上海分公司和上海市玻璃搪瓷工业公司的一则设计征稿启事，在群众中征求适用于外销家用搪瓷器皿上的图案设计和参考资料，“画稿一经采用，按等级致酬现金每张 10 到 50 元，有特殊价值者当提高酬金”[1]。这显然是对企业内部设计人员紧缺状况的一种化解和应对。

在“大跃进”期间，上海美术设计有了短暂的发展。但是由于美术设计类院校分系统管理，美术设计往各个专业方向上发展，开始分化。转折出现在 1959 年。上海美术学校和上海轻工业学校的造型美术设计专业相继成立。1960 年，上海美术专科学校成立，同年 5 月，上海市轻工业学校成立中专学制。当时已过当年艺术类招生时间，所以就在校内机械、化工、电子等专业中招收第一届学生，1960 年正式对外招生 40 名，1961 年招生 30 名，该专业的教学培养目标就是“以工业产品的造型设计为主”[2]。1962 年，在黄幻吾的指导下“造型美术设计”专业改为“造型美术”专业（大专）[3]，办学层次获得了提升。1963 年更名为“美术设计”专业（大专），并将专业名称解释为



1. 出口搪瓷器皿设计画稿及参考资料[N]．新民晚报，1958-06-29（4）．

2. 上海市轻工业局关于上海市轻工业学校专业设置方向和 1960 年招生名额分配的通知[R]．上海：上海档案馆．B163-2-1008-25.

3. 上海轻工业专科学校关于申请分配高中毕业生 20 名满足高专造型美术专业需要的请示[R]．上海：上海档案馆．B172-5-604-10.

“以轻工业产品（食品、玻璃、搪瓷、塑料、文教用品等行业）的美术设计为主”，以区别于狭义化的“工艺美术设计”。课程设置则包括基础图案、雕刻基础（包括材料性质及其运用）、器物造型、装潢概况、商品包装等专业课程[1]。该专业的教师队伍比较强大，除黄幻吾外，在水彩方向有张英洪，在包装和造型方向有陈方千，在工商美术方向上有李银汀，在产品造型方向上有吴祖慈，还有王敬德、王务村、胡汉梁、张锦宽、王韵笙、周礼强、沈金龙等一批专业教师[2]。另有钱定一（时任轻工业局食品工业公司美工组组长）、沈剑南（时任上海美术设计公司模型厂装潢设计组组长）等人担任兼职教师，并聘颜文樑、李咏森等著名艺术家担任顾问并授课。该专业的成立缓和了上海轻工业美术设计人才严重不足的局面。[3]1962 年 3 月，上海轻工业学校美术造型专业举办日用品造型和装饰设计作品展览会，展出作品 100 多种，有产品、包装、商标、图案等，一些作品突破了平面图案的传统观念，而针对搪瓷、玻璃等产品造型做了许多改进[4]。该校师生还积极参与之后上海举办的几届实用美术设计展和日用品美术设计展。

上海市工艺美术学校于 1960 年 4 月成立，刘怀塘任第一届校长，他带领 24 位老师和 15 位艺人首次招了 202 名学生[5]。1962 年由于政策调整，上海的几所美术艺术学校相继停办，上海美术学校的 60 多名中专班毕业生除少数成绩特别优秀的学生插班升入本科二年级以外，多数学生被输送到急需人才的设计一线岗位中，原预科班大部分学生成为上海各种工艺美术设计方面的主力军[6]。

由于国家出口创汇的需要，上海工艺美术学校虽然也面临

1. 关于新设美术造型设计专业（暂定名称）几项工作的请示报告［R］. 上海：上海档案馆 .1960：2.B163-2-1008-37.

2. 上海市轻工业学校关于报送职工名册的报告［R］. 上海：上海档案馆 .1962：1.B163-1-1036-9.

3. 1960 年，上海轻工业局属 14 个工业公司、820 个工厂仅有专职产品美术设计人员 35 人，其中能够从事独立设计的仅 10 人。上海市轻工业局关于产品美术设计工作的管理情况［R］. 上海：上海档案馆，1964：7.B163-2-18191.

4. 比如有一种竹节玻璃杯，杯上没有镌刻花纹，只是在近杯底部分作深山古竹形，竹节间有三两片竹叶，造型单纯，格调隽永。美丽的设想［N］. 新民晚报，1962-04-01（01）.

5. 上海市手工业管理局关于上海市工艺美术学校精简压缩方案［R］. 上海：上海档案馆，1962.6：B24-2-71-182.

6. 邱瑞敏 . 世纪空间：上海市美术专科学校校史（1959—1983）［M］. 上海：上海大学出版社，2004：13.

“精简压缩”的压力，但相对来说还是得到了一定发展。1971 年 2 月，上海市委以清除“修正主义教育路线”的影响为由，撤销了上海市工艺美术学校，后于 1973 年 9 月以技工学校的名义复校，到 1978 年恢复为中专性质为止，共培养学生 710 人，在校生规模 125 人，这所学校也成为上海持续办学时间最长的专业美术学校。[1]

上海美术专科学校解散后，剩下的教职工在艰难岁月中依然顽强不息，不仅利用延续下来的上海市美术学校和工艺美术训练班培养了一批商品包装人才，还抓住时机创办了短期的“工农兵美术创作学习班”和“工艺美术学习班”，为本市和外省市培养了不少美术创作与美术设计人才。



另外在美术知识、包装理论和有关专业知识方面邀请当时行业内的专业人士进行培训，使理论和实践有效结合，快速提高了包装装潢设计水平。如上海美校教师杨艾强、美术学院副院长任意、工艺美术高工李连昆、茶叶公司高级工程师张忠飞、工艺美术研究院包泉深、人民印刷七厂行家李稀霖、印刷所专家钱震、人民塑料印刷厂赵振平、上海市广告装潢名家徐百益、市广告装潢高工励世良、人民印刷七厂摄影家姜长庚、包装中心行家丁家璞、上海市包装技术协会刘思敏、上海大学教授张雪父、《解放日报》美编洪广文、上海包装中心柯烈、上海市工商局李洪祥、玩具十七厂吴君平、包装研究所叶世雄、上海美术设计公司倪常明、外贸广告张瑜、上海美术设计公司吴诒、上海市市工艺美校教师金湄、上海市广告装潢公司高工陈櫟、上海轻工业学校副教授吴祖慈、上海市美术家协会秘书长徐昌铭、上海工艺美术学校高工林升耀、上海玩具研究所

1. 邱瑞敏 . 世纪空间：上海市美术专科学校校史（1959—1983）［M］. 上海：上海大学出版社，2004：28.

行家林升耀、上海油墨行家杨海蛟、日化纸板行家密志坚、上海玩具研究所行家欧阳教家、上海家用化学厂王世伟、上海日化二厂高工赵佐良、上海美术设计公司丁荣魁[1]。

## 二、设计人员商业地位状况

新中国成立之初的设计从业人员可分为三类，一类是广告或设计企业的经营者，“公私合营”后拿工资和定息；一类是社会个体设计人员，接受社会上的设计委托，论件计标。这两类人数较少，但收入较高。还有一类是加入国有企业或合作社的设计人员，人数较多，收入由工资和奖金组成，出版系统的设计人员另有稿酬和版税。“大跃进”之前，设计人员的收入相比同时期其他行业是比较高的。这反映出社会对优秀设计的急切需求和对设计劳动的尊重。“大跃进”之后，随着计件工资以及超额奖励制度受到批判和抑制，设计人员的收入水平逐渐降低，到了“文化大革命”时期，工资收入固化之后，设计人员的工作热情就几乎完全由责任心来驱动了。



1. 资料来源：上海包装杂志社内部资料《足迹》。

### 1. 私方企业经营者

新中国成立前夕颁布的《中国人民政治协商会议共同纲领》提出了“公私合营”的口号。1950 年 12 月，政务院颁发《私营企业管理条例》，首次以法律形式提出公私合营，并指定分红方式：私方企业主占企业盈利分红的 60%。1956 年初，国家对资本主义私股的赎买改行“定息制度”，统一规定年息五厘。上海私营企业中以广告公司为代表的设计业务单位在这种背景下参加了全行业的“公私合营”，在社会主义改造过程中转为国家控制。原企业经营者除了拿工资以外，还可以获得较高的定息收入作为补偿，10 年后定息期满，企业性质转变为社会主义全民所有制。

《知识分子与人民币时代》一书中详细记录了被称为“广告大王”的荣昌祥广告公司经理王万荣的收入水平和家庭生活在“公私合营”前后的变化：

家里经常有 14 口人吃饭，包括 2 个劳动大姐（女佣）和 8 个在大学和幼儿园读书的子女，另外还要照顾 2 个亲戚。这一家庭在解放前生活十分富裕，男主人经常通过吃喝玩乐拉拢生意。解放初，这位经理的月薪是 2 400 折实单位，[1] 合新人民币 1 250 元。在“五反”期中，经理主动减自己的月薪为 600 折实单位。此后，又因营业清淡，从 600 折实单位减到 220 元。当时营业虽仍未好转，但花天酒地的经营方式有了改变，因此生活仍然富裕。1953 年合家集体游杭州，一次就花去 200 多元。那时，苏州、宁波等地的亲眷往来不绝，一住数月；家中曾有 3 个女佣（后来辞退其中一两个）。1955 年，王经理因历年来在公司中挪用公款和漏税，经查实，需要补缴赔款，就变卖了一些家产，负了债。加上公司营业仍未大力开展，220 元的薪金时常前欠后拖。生活不再宽裕了。虽然那时还有每月 100 多元的房租收入，也终因开支浩大而陷入拮据状态。1956 年，这家公司在公私合营以后整顿了业务。这位新任副经理的 220 元固定工资能够按月发放了，家庭经济也得以安定下来。不久，政府又发放了定息，息款每年 6 000 元。冷落的门庭又开始热闹。从 1956 年底以来，住在家中的客人从未断过。劳动大姐（女佣）也恢复为 2 个。每日小菜钱已提高到 2—3 元。7 个子女每月看电影从过



1. 为稳定物价，政府在 1949 年至 1954 年实行折实牌价。折实单位的价格由各地人民银行根据米、油、煤、布四项日用品隔天的市价相加而成。即一个折实单位 =（每石米价 ×1%）+（每担油价 116×1%）+（每担煤球价 ×1%）+（每匹布价 ×1%）。

去的 7 人次增到现在的 20 人次。出嫁的大女儿不再需要补贴家用，相反地由这里送去了新衣裳、新皮鞋。全月的家用开支又超过 350 元了。1957 年起每月储蓄 35 元；主人还把今年发放的 10 月份公债缴款期以前拿到的定息，用来购买 2 700 元公债。

### 2. 社会个体设计人员

新中国成立之初，上海体制外的个体设计人员的收入一直保持在较高的水平，他们在阶级分层中属于“私方人员”，按照资产阶级工商业者对待。“公私合营”后，社会上的流动设计人员大约还有七八十人。他们多有较长时间的从业经验，具有一定设计水平。这一时期由于上海的设计人员不断输送到北京、合肥、郑州等地，造成上海设计行业的人手更为紧张，再加上个体设计人员通常按件计工，工作时间又比较长，他们的月收入一般在 200 到 300 元左右，最高甚至可达 1 000 元。[1] 这对吸收社会个体设计人员加入合作社或国有单位造成了一定障碍，也使体制内的设计人员的工作积极性受到影响，如何限制和调节他们的过高收入这个问题一直到取消计件工资才得以解决。

1959 年 4 月，体制外设计人员被改组为“上海广告美术协作小组”。小组约 80 人，自己组织业务，包括工商美术、照相喷绘、仪表写字、丝印修版等，收入分配上采取其中 60% 营业额作为个人所得，40% 作为公积金和公共费用开支的办法。小组成员的收入仍然较丰，平均每月可达 170 至 190 元。1960 年，这部分人员被进一步改组为“上海广告美术加工部”，业务由印刷工厂统一发给，这意味着自由职业者的身份被取缔。工厂收取 20%



1. 上海市第一商业局、市百货、煤建、交电等公司吸收社会人员工作报商业一局的来往文书［R］. 上海：上海档案馆 .B123-3-175.

管理费，剩下的个人和集体六四分，每人月收入平均控制在 160 元左右，最高不超过 300 元。1963 年，他们的收入空间进一步被压缩，营业额 100 元内按 60% 提成，100 元外按超出部分的 20% 给予工资奖励。1966 年，又对剩余 67 人采取计件工资全部转为固定工资的方法。[1]

### 3. 体制内设计人员

1956 年，上海美术设计公司成立之初，工商美术组[2]集聚了一批实力较强的设计从业人员，当时具有“张倪黄”之称的高水平设计师包括张雪父、倪常明与黄善赉三位优秀设计师，他们当时创作的作品代表了上海美术设计公司的创作设计水平。此外还有顾宗贤、朱锡祺、汤裕康、赵志成、杨见龙、吴可男、惠其昌、陈宪琦、汪义中、唐秋生、钱伯庸等设计人。1957—1967 年，上海美术设计公司的工商美术组引进了大量高校毕业生，高峰时期拥有 40 余名专业人员，增强了人才实力和工作活力。

20 世纪 50 年代初，上海许多国营企业已陆续建立生产奖励制度和推行计件工资。随着全国计划经济体制的建立和人民币制的稳定，1956 年，国务院推进了工资改革，各地区按照 9 个等级的地区差别，形成标准的工资制度。1956 年上海全市职工平均月工资为 66.5 元。由于历史工资和物价因素，上海工资水平高于全国平均水平。

1956 年工资改革后，文化系统中被评为文艺 8 级以上可称画家，月收入为 135 元，如著名画家唐云为文艺 7 级，美术设计家丁浩、张雪父皆为文艺 8 级。最高的为 6 级画家，每月收入 179 元，当然，极少有人能拿到最



1. 中共上海市广告公司总支委员会关于广告美术合作加工场由计件工资改为固定工资的报告［R］. 上海：上海档案馆 .B123-6-575-62.

2. 工商美术组主要是为工商企业设计产品包装和广告，20 世纪 50 年代末 60 年代初，因服务方向和业务的增多改名为“装潢美术室”。

高级别的工资，一般画稿设计人员均在 9 级以下，工资不到 100 元。[1] 商业系统的设计人员收入主要和业务量挂钩，主营路牌的荣昌祥广告公司设计人员月薪较高，达 100 多元；主营报纸的联合广告公司设计人员受业务量下降影响，月薪仅 50 多元[2]。当时的上海商业局下属市贸易信托公司拟成立广告公司，急缺人手，为吸收一批社会上高水平的设计人员（庞亦鹏、宋之英、金雪尘等 20 人）加入，制订了较高的美术设计人员的工资标准。商业局决定对这批人员暂不评级，参考文艺人员工资标准，按照甲、乙、丙、丁分为 4 级，其中甲级为 300—350 元，乙级为 220—260 元，丙级为 155—185 元，丁级为 100—125 元。工业系统中设计人员的工资一般参考工程技术人员标准，以上海各香烟厂的 7 位美术设计师为例，1956 年人均月工资 160 元，最高的是华成烟厂的张荻寒（工艺员职称），月工资为 383 元。[3]1956 年后，上海轻工企业职能人员全面实行职务工资制，技术员的工资标准在 91—109 元之间。

可见，20 世纪 50 年代体制内美术设计工作者的工资月收入在 100—400 元之间。1956 年工资改革后，技术等级之间的工资差别缩小了，中等水平的设计人员月收入普遍在 100 元上下，相较于当年上海全市职工平均 66.5 元的月工资要高一些。体制内设计人员的最高收入远远超出同时期上海地区其他行业的等级水平[4]，当时文艺 1 级为 330 多元，国家主席月工资也不过五六百元。但是即便如此，体制内设计人员仍远不如个体设计人员平均 200 至 300 元的月收入水平，为此有些单位还实施计件工资和超额奖励。当时的中国广告公司上海市公司由于没有施行计件工资，而只能按时计算加班费，对设计人员的工作积极性有



1. 上海市第一商业局、市百货、煤建、交电等公司吸收社会人员工作报商业一局的来往文书［R］. 上海：上海档案馆 .B123-3-175.

2. 上海贸信公司关于广告调网方案及经济改组工作的来往文书［R］. 上海：上海档案馆 .B123-3-391.

3. 上海市第一商业局、市百货、煤建、交电等公司吸收社会人员工作报商业一局的来往文书［R］. 上海：上海档案馆 .B123-3-175.

4. 当时上海工人最高的 8 级工月工资为 123 元，中学教师最高的 1 级教师月工资为 157.5 元。

一定消极影响，出现了有些人想辞职转业或停薪留职的情况。[1]

设计人员还可以通过社会征稿获得一部分工资外的收入，如文化系统和轻工业系统都允许设计人员在完成工作量后，利用业余时间“接活”，由于设计人员总体上比较紧缺，这部分收入有时也很可观。据林升耀回忆，他当时刚到工艺美术局参加工作时的月工资仅为 56 元，而设计“凤凰”牌小轿车的标志所获稿酬高达 760 元[2]。1964 年 1 月到 11 月间，《解放日报》共刊登了征求商标、包装、产品造型等征稿共 13 则，稿酬通常为 100 元至 150 元，一般超过体制内价格四五倍，超过上海市广告公司最高技术等级的设计人员一个月工资[3]。任美君关于其父亲任晓志也有相关回忆：“我父亲（任晓志）去金门广告公司，后来再去了五和织造厂、上海求范仪器图案工业社、申宝记印染公司这几个地方上班。我看到他为申宝记印染公司设计的稿件比较多，有为长的毛巾、花布、头巾、包袱花布画图案。我 9 岁起就帮他画稿子，他去上班还去兼职，三家公司任务来不及，他就把颜色调好，花布稿子上的图案边缘有凹进去的线条，我给他填色进去。这要画的很光洁，平伏。父亲会给我做示范，告诉我怎么画会光挺。他晚上加班的时候会把我带去单位，教我用平头的油画笔写 1、2、3、4……他会教我操作，也教我写黑体的中文字。”这些基本反映了 20 世纪五六十年代社会征稿的奖励标准，根据业务类型和质量要求每件在数十元到数百元之间，体制内流动的业务一般数十元，体制外征稿一般在一百元以上。

由此可知，新中国成立初期是艺术设计人员收入较高的一



1. 上海市贸信公司关于广告调网方案及对经济改组工作的来往文书［R］. 上海：上海档案馆 .B123-3-391.

2. 根据林升耀口述记录，林将大部分稿费捐给单位购书所用。

3. 报请与有关部门研究劝止刊登征求商标等图案广告的情况报告［R］. 上海：上海档案馆 .B123-5-1719-41.

个阶段，1956年的工资改革缩小了收入水平的差异，随着鼓励多劳多得的计件工资制受到批判，收入逐渐降低。1958年开始，上海市取消或冻结计件工资和生产奖励制度，改为计时工资，工资形式趋向单一。出版系统也降低了稿酬，连环画每页稿酬下滑至4.5元，而版税的取消直接导致月份牌年画作者生活严重困难。20世纪60年代初，计件工资和超额奖励又有所恢复，出版系统开始实行工资加超额稿酬制度。1964年，上海市广告公司刮了一阵“单干风”，国营、集体合计有22人离职。1965年，上海广告公司改计件工资为固定工资。报纸上也不再刊登设计征稿。“文化大革命”开始后，计件工资被全面取消。出版系统也取消了稿酬和版税，改为赠书鼓励。1970年起，上海学徒转正定级，工资不分行业一律暂定36元，全民和集体企业采取按工作年限和工资档次统一增加工资额度的制度。这种几乎不产生任何激励的奖惩机制一直到20世纪70年代末才宣告结束。



## 第三节　设计教育的缺位

上海近代的美术和工艺教育起步甚早，成就卓越，曾经精英云集，鼎沸一时。清同治年间（1864年）创办的土山湾孤儿院美术工场是中国近代早期最具规模、最具代表性的工艺机构之一，设有木作、绘画、印刷等十几个工种。虽然并不是专门的教育机构，中外教士向孤儿传授技艺的目的在于生产销售，借以自养，但无意间却成为“盖中国西洋画之摇篮也”[1]和“一大美术工艺之工场”[2]，培养出很多优秀的美术和设计人才。其中包括广告画家徐咏青，雕刻家张充仁，工艺美术家徐宝庆、李森茂等。1912

1. 1943年《新艺术运动之回顾与前瞻》转引自：王震.徐悲鸿文集［M］.上海画报出版社，2005：117.

2. 徐蔚南.中国美术工艺［M］.上海：中华书局，1940：161.

年，上海图画美术院在乍浦路建立，后更名为上海美术专科学校，这是中国近代第一所正规的新型美术学校，名师荟萃。上海美术专科学校 1919 年成立工艺图案科，1925 年 1 月建立工艺图案系，由毕业于莫斯科纯用与纯粹美术学院的俄国人斯都宾担任系主任[1]，教员包括刚从日本归来的陈之佛等人。随后，各类国有和私立艺术学校相继创办。

应该说，清朝末年和民国时期上海美术、工艺教育的初步发展为推动设计教育进一步走向专业化、系统化奠定了基础。但是，新中国成立后的发展状况却与 1949 年之前存在巨大的落差，几乎从一开始就遭遇到了始料未及的挫折。此后几十年，上海的艺术设计教育始终时断时续，起起落落，总体上处于低层次、小规模和片面发展的境地，在人才培养上捉襟见肘，与上海作为工商业中心和文化重镇的地位不相符。



1.《申报》，1925-01-13（2）.

## 一、高等美术教育的断层

新中国成立初期，关于高等美术教育，上海地区的发展状况可谓命运多舛。1952 年 9 月，教育部为大量培养技术和工程人员，开始仿照苏联模式进行全国高等院校院系大调整，人文社科包括艺术类学科都受到抑制。其中上海美术专科学校、山东大学艺术系、苏州美术专科学校在无锡合并成立华东艺术专科学校，随后迁址南京。当时上海唯一的高等美术学府上海美术专科学校宣告结束，至此上海高等美术和工艺教育几乎空白，并有大量师资外迁，这给上海设计人才的培养和设计队伍的建设造成重创。除了美术出版、美术电影等单位队伍建制相对完整外，其他行业的设计人员严重匮乏。

在“大跃进”期间，上海商业美术有了短暂的发展。但是由于美术设计类院校分系统管理，美术设计往各个细分专业方向发展，开始分化。1956 年，上海文化局在一份文件中指出：“中央明年将开办工艺美术学院，而至少也将五年后才能培养一批新的人才出来，上海需要此项艺术人才的指标，中央也难满足，因此上海完全有必要建立一所实用美术学校。”在这所后来流产的“上海实用美术学校”规划中，人才培养将以染织图案（35%）、广告设计（25%）、装潢设计（25%）、服装设计（15%）为主。[1] 各科的分配比例反映出当时上海产业对设计人才需求的轻重缓急，可惜此项提议未获批准。转折出现在 1959 年。上海美术学校和上海轻工业学校的造型美术设计专业相继成立。1960 年，上海美术专科学校（以下简称“上海美专”）成立，同年 5 月，上海市轻工业学校成立中专学制。关于第一届中专生的教学，任美君回忆陈述如下：



1. 上海市文化局关于实用美术设计人员缺少问题的请示［R］. 上海：上海档案馆，1956.B172-4-472-47.

我们是第一届中专生（后来我妹妹 1964 年也考进去的），小中专 1963—1965 年招了 3 届，我这个叫老中专，是 1959 年 3 月 5 日招了 60 名学生，去各个学校挑选的学生，不公开招生。……那时候上课是在淮海中路复兴西路（现在的徐汇艺术馆），上了一个学期，后来搬到了华山路，过了一年又换了一个地方。从徐汇艺术馆里穿过去就是中国画院，就在后面。在华山路时，名称为上海美术学校。在华山路待了一年，再换到陕西北路 500 号，1960 年夏季招生的时候是叫上海市美术专科学校。当时有五年制本科生 60 名，三年制预科生 100 名。

1962 年 3 月我从中专毕业，与其他 15 位同学被插入三年级下学期的大学部工艺系、油画系、国画系和素描专修科。

除了设计课，绘画课也很重要。我们中专60位同学第一年都是在一起上课的，第二年分绘画班和工艺班，第一年绘画课有学素描、速写、国画（花鸟、人物、山水），都是最好的老师教，如透视是颜文樑老师教，解剖是张充仁老师教，国画是程十发、陆抑非、唐云老师教，素描是孟光老师教，速写是丁浩老师教，课程很多，都是顶级的大师教我们，这对我们设计都是有用的。大学里教我们国画人物的是郑慕康，后来工作时画人物的时候也用这种国画的线条。丁浩教我们装饰画创作、画速写、黑白画，他的广告画和郑慕康的工笔画对我后来画广告的人物都有帮助。我们60个学生一人一个写字台(即课桌),很大的教室。画院里的老师比学生都多，很多国画家。二年级的时候老师将学生分班级，丁浩说要培养一些基础好的商业美术的设计人员，他把素描基础好的都分到了工艺美术班……当时夏葆元也被分到了工艺美术班，他已经在浙江美院读过了三年的初中的美术班，他基础已经很好了，也被分到了工艺美术班。后来升大学的时候把他分到了油画系。王逸曼（信谊药厂广告部主任，厂内第二把手，设计信谊标记）的儿子王树雄也在工艺班。绘画班40人，工艺美术班20人。



给我印象最深的是张雪父老师，他是大学时候教我“两方连续”“写生便（变）化”课程的。中专的徐行老师教的是从一朵花到单独纹样，大学张雪父老师教的是两方连续和四方连续。还有商标设计、丰华圆珠笔包装、热水瓶设计、版面设计、唱片封套和糖果纸，以及与工厂联系，有的作品投产使用。我中了一张唱片封套（1963年），是金鱼写生后的变化，用到封套上去（牛皮纸上印了一套绿色）。这些都是张雪父老师教的，美术字也教，整个装潢设计的内容他都有教。张雪父教得很仔细，颜色怎么调，金粉怎么调，还讲配色，他说“一组对比色相互之间要有彼此的因素才能协调”，说这个色调和绘画的色调有些接近。

还有俞云阶老师，他是在我念中专时教我们水粉画课的，从画静物到人物，从零开始打基础。到大学时我们没有他的课，在自修和课余时间我经常去看俞老师作画，（后来我父亲成了他朋友）假日我也常去俞老师家看他画油画。因此到了工作时，遇到写实的画面我可以对付。



上海美专解散后，剩下的教职工在艰难岁月中依然顽强不息，不仅利用延续下来的上海市美术学校和工艺美术训练班培养了一批商品包装人才，还抓住时机创办了短期的“工农兵美术创作学习班”和“工艺美术学习班”，为本市和外省市培养了不少美术创作与美术设计人才。一直到 1959 年，中专学制的上海美术学校成立。1960 年 9 月，改组为上海市美术专科学校，招收了第一届本科生和预科生，原上海美术学校归为中专部。这时候的上海美专归属市高教局和文化局双重领导，副校长沈之瑜主持工作，全校共含五年制本科（56 名学生）、预科（100 名学生）和中专（60 名学生）三种教育层次，本科设国画、油画、雕塑和工艺美术 4 个系。作为当时上海唯一的美术专门学校，吴大羽、周碧初、江寒汀、张充仁、涂克、哈定、李咏森、应野平、乔木、俞子才等海上名师聚集于此。工艺美术系教师包括丁浩、徐行、张雪父、陆光仪、沈福根等，并聘请颜文樑教授色彩和透视、蔡振华教授图案、周冲教授美术字。[1]

1. 邱瑞敏 . 世纪空间：上海市美术专科学校校史（1959—1983）［M］. 上海：上海大学出版社，2004：4—9.

正当学校各项工作步入正轨之际，“大跃进”所导致的经济恶化使刚刚显露生机的上海美专面临再次停顿的挫折。

中央决定对1958年“大跃进”以后“冒进”的学校全部采取“关、停、并、转”的措施，上海市委认为关闭刚招第一届本科生的上海美术专科学校太过可惜，在多方努力下，国务院最终同意暂不解散这届本科，给出批复——“办完为止”，但原预科和中专学生就此中断了继续深造的可能。上海美术高等教育至此仅留下一缕薪火余温。1961年暑假，成立不久的上海美专借上海美术展览馆举办了“第一届教学成绩汇报展览会”，共展出作品285件，参观人数达到27 610人次，得到社会各界较高的评价[1]。1963年夏，上海美专举办了“上海市工艺美术训练班”（大专），提出“具有较高的商业美术设计的能力，并熟悉制版、印刷的工艺过程”的培养目标，共分图案设计和展览布置两个方向，专业课包括绘画基础、图案基础、装潢设计、中国传统装饰画等。该训练班在内部招收了20名中专生和12名预科生，教师有丁浩、沈福根、陆光仪、胡丹苓、顾公度等人。[2]

此后若干年，关于恢复上海高等美术学院的呼吁并未停止，但最后都因种种原因无疾而终[3]。1965年7月，上海文化局决定上海美专、上海市工艺美术训练班、上海市美术学校于暑假一并结束。同年7月，上海美专唯一一届本科毕业，学生被分配到出版、外贸、轻工、纺织、二轻等单位从事各类美术设计工作；8月，上海市美术学校、上海市工艺美术训练班的剩余学生和陈明、励俊年、沈凡、丁浩、孟光、应野平等55名教职员工一起并入到上海市轻工业局[4]；10月，在中山公园展览厅举办了上海美专毕业创作展览，作品共86幅，其中各类商品包装、广告招贴37幅。上海美专就此解散。1966年，上海戏剧学院舞台美术系也停止招生。上海高等美

1. 其中匡飞娟、陈尔健、颜康文、王树雄等学生设计的手帕图案被上海东方印花厂采用，作为“蝶花”牌手帕的新花样。手帕花样［N］. 新民晚报，1961-08-28（2）.

2. 上海市文化局关于美术专科学校工作、年度计划、美术、舞蹈、学校改制请示报告及处理意见等文件［R］. 上海：上海档案馆 .A22-2-951.

3. 1964年，钱君匋曾在市政协会议上提交一份关于创办“上海工艺美术学院”的提案，建议将上海市工艺美术训练班、上海工艺美术学校、上海市轻工业学校的美术设计专业等合并建立美术学院，但教育局因“学校领导关系不同，学校性质、条件亦不相同”而未予批准。参见“上海市高等教育局关于钱君匋先生提议创办上海工艺美术学院问题的函”，1964年3月，上海市档案馆藏，B243-2-371-13。又据上海美专原副校长陈明回忆，上海市工艺美术训练班快毕业时，他们还曾向市里提交一份报告，提出上海作为一个经济这么发达的城市，迫切需要办一个培养商品包装高级设计人才的工艺美术学院。这个报告当时已经被市里批准，学校大印也已发下，后来却因为“文化大革命”开始而流产。邱瑞敏 . 世纪空间：上海市美术专科学校校史（1959—1983）［M］. 上海：上海大学出版社，2004：32.

4. 邱瑞敏 . 世纪空间：上海市美术专科学校校史（1959—1983）［M］. 上海：上海大学出版社，2004：20—21页 .

术教育再次陷入挫折。

1972 年，随着工艺美术生产的再获重视，美术教育获得新的推动力。同年 9 月，上海师范学院艺术系美术专业（大专）成立。翌年，上海戏剧学院舞美系恢复招生，两年内招收了以工农兵学生为主的 6 个班级，学制三年。1975 年 10 月，又开设美术系，分油画、国画、宣传画和年画专业。上海市美术专科学校也于 1977 年正式恢复招生。

新中国成立后，上海高等美术院校招生层次普遍偏低，专业规模较小，更缺少以美术设计为主旨的独立本科院校（这个问题遗留至今仍未解决），成为制约上海设计发展的短板，无论是对后备人才的培养规模，还是对设计观念的引导更新都带来了很多负面的影响，不得不说是个重大的遗憾。



## 二、设计教育从中专院校起步

20 世纪 50 年代末“大跃进”期间，上海美术与设计教育在中等专科院校层面得到了一定程度的恢复和发展，以产品造型为主的工业设计教育也由此萌发。由于中专院校多由文化、轻工、纺织以及手工业等系统分别管理，所以起步不久就呈现出比较明显的分化趋势。

转折出现在 1959 年。这一年，上海美术学校和上海轻工业学校的造型美术设计专业相继成立。1959 年 3 月 5 日，上海中国画院附属的中等美术学校正式开学，同年 5 月改组为中专学制的上海美术学校。该校对学生的培养目标明确：一是为上海文化系统的文化馆、俱乐部培养群众美术干部；二是为本市轻工业生产部门培养染织图案和产品包装设计从业人员；三是为中小学培养美术教师；四是为高等美术院校培养后备生，并决定从第二学年起分设国画、油画和工艺美术三科。1960 年，上海市美术专科学校成立后，原中等美术学校变更为上海美术专科学校的中专部。

还是在 1959 年，中国工业设计教育开始起步。5 月，上海市轻工业学校成立中专学制的“造型美术设计”专业，成为全国最早设立工业产品设计专业的学校。当时已过艺术类招生时间，所以就在校内机械、化工、电子等专业中招收第一届学生，1960 年正式对外招生 40 名，1961 年招生 30 名。上海市轻工业局明确指出该专业的培养目标是“以工业产品的造型设计为主”。[1]1961 年初，黄幻吾从上海搪瓷工业公司调来担任系主任。1962 年初改为“造型美术”专业（大专）[2]，办学层次获得了提升。1963 年更名为“美术设计”专业（大专），并将专业名称解释为“以轻工业产品（食品、玻璃、搪瓷、塑料、文教用品等行业）的美术设计为主”，以区别于狭义化的“工艺美术设计”。课程设置则包括基础图案、雕刻基础（包括材料性质及其运用）、器物造型、装潢概况、商品包装等专业课程。[3] 该专业师资实力比较雄厚，除黄幻吾以外，还有张英洪（水彩）、陈方千（包装、造型）、李银汀（工商美术）、吴祖慈（产品造型）、王敬德、王务村、胡汉梁、张锦宽、王韵笙、周礼强、沈金龙等一批专业教师[4]，另有钱定一（时任轻工业局食品工业公司美工组组长）、沈剑南（时任上海美术设计公司模型厂装潢设计组组长）等人担任兼职教师，并聘颜文樑、李咏森等著名艺术家担任



1. 上海市轻工业局关于上海市轻工业学校专业设置方向和 1960 年招生名额分配的通知［R］. 上海：上海档案馆 .B163-2-1008-25.

2. 上海轻工业专科学校关于申请分配高中毕业生 20 名满足高专造型美术专业需要的请示［R］. 上海：上海档案馆 .B172-5-604-10.

3. 关于新设美术造型设计专业（暂定名称）几项工作的请示报告［R］. 上海：上海档案馆 .B163-2-1008-37.

4. 上海市轻工业学校关于报送职工名册的报告［R］. 上海：上海档案馆 .B163-1-1036-9.

顾问并授课。

该专业的成立缓和了上海轻工业美术设计人才严重不足的局面[1]。1962年3月，上海轻工业学校美术造型专业举办日用品造型和装饰设计作品展览会，展出作品100多种，有产品、包装、商标、图案等，一些作品突破了平面图案的传统观念，而针对搪瓷、玻璃等产品造型做了许多改进[2]。该校师生还积极参与随后上海举办的几届实用美术设计展和日用品美术设计展。

1960年4月，上海市工艺美术学校成立，系上海市第二轻工业局所属中等工艺美术专业学校，学制3年。该校首任校长刘怀塘，初始有24位专业教师和15位艺人，第一批招生202人[3]。开办上海工艺美术学校的目的是要应对艺人总体年事已高和行业新生力量不足的问题。1962年，上海工艺美术行业104名主要艺人的平均年龄为52岁，最高73岁。[4]部分行业在新中国成立后更是几乎没有培养过新人，如陶瓷生产中的彩绘人员已经严重缺乏。为此，该校针对性地陆续开设了玉石雕刻、象牙雕刻、织绣、漆雕、白木雕刻、黄杨木雕（1961）、工艺绘画（1962）、红木雕刻、玩具造型设计（1963）、绒绣（1973）、家具造型设计、刺绣（1975）、地毯设计（1976）等专业。从专业名称中不难得知，这时的“工艺美术”已基本等同于“特种工艺”，分科很细，强调专业对口，适销对路，具有明显的手工业职业教育性质。

1960年还有两所中专学校曾招收美术设计类学生。上海出版学校（上海印刷高等专科学校前身）开办四年制美术



1. 1960年，上海轻工业局属14个工业公司，820个工厂仅有专职产品美术设计人员35人，其中能够从事独立设计的仅10人。上海市轻工业局关于产品美术设计工作的管理情况［R］.上海：上海档案馆.B163-2-1819-1.

2. 比如有一种竹节玻璃杯，杯上没有镌刻花纹，只是在近杯底部分作深山古竹形，竹节间有三两片竹叶，造型单纯，格调隽永。美丽的设想［N］.新民晚报，1962-04-01（1）.

3. 上海市手工业管理局关于上海市工艺美术学校精简压缩方案［R］.上海：上海档案馆.B24-2-71-182.

4. 上海市轻工业局关于拟办上海工艺美术专科学校的请示［R］.上海：上海档案馆.B243-1-193-147.

班，培养出版、装帧方面的美术人才；上海纺织工业学校（1961 年和上海纺织高等专科学院合并）开办三年制美术图案专业，培养染织图案设计人才。

上海美术学校、上海轻工业学校的造型美术设计专业与上海工艺美术学校的成立，使上海的美术设计教育迎来新中国成立后最好的局面。只是好景不长，趁“大跃进”东风发展起来的艺术设计教育，又因 20 世纪 60 年代初的经济恶化陷入困厄。1962 年，受国家办学政策调整的影响，上海出版学校和上海纺织高等专科学院停办。上海美术学校停止招生，原上海美术学校中专班毕业的 60 名学生中，除少数成绩特别优秀的学生插班升入本科二年级以外，多数学生被输送到了急需人才的设计一线岗位中，主要去向是各文艺团体，成为上海舞台美术设计领域的一支骨干力量。原预科班学生除少量升入“工艺美术训练班”（大专）和转入上海市轻工业学校造型美术专业外，剩下的 51 名学生继续留校学习至 1963 年 7 月毕业，多数成为上海轻工、造币和染织设计方面的中坚力量。[1]

1971 年 2 月，上海市委以清除“修正主义教育路线”的影响为由，撤销了上海市工艺美术学校，后于 1973 年 9 月以技工学校的名义复校，到 1978 年恢复为中专性质为止，共培养学生 710 人，在校生规模 125 人，这所学校也成为上海持续办学时间最长的专业美术学校。[2]

## 三、职业培训的勉力支撑

新中国成立后，上海美术设计人才的培养总体上陷入比较



1. 邱瑞敏 . 世纪空间：上海市美术专科学校校史（1959—1983）［M］. 上海：上海大学出版社，2004：13.

2. 赵崎，等 . 全国工艺美术展览资料汇编 . 内部发行，1978.

不利的局面。为保证工业生产和文化事业的现实需求，短期的职业培训成为一种常态性的替代措施，发挥了不可忽视的作用。进入“文化大革命”时期，正常的教学活动完全无法开展，设计教育多以政治性较强的职业培训的方式进行，零敲碎打，勉力支撑。

新中国成立之初，受全国院系调整的影响，上海美术人才培养陷入断层。文化、轻工、纺织等系统只得以传统的“师傅带徒弟”以及短期训练班的方式培训美术设计人员。包装设计等行业对美术设计人员的需求较为迫切。1956 年 10 月，上海市搪瓷工业公司主办了中国搪瓷业第一个培养美术设计人员的训练班，颜文樑、黄幻吾等著名国画家兼任训练班教师，第一批学员有 12 名；1959 年，再次开设 60 名学员参加的“搪瓷美术人员培训班”，为期 6 月，由上海中国画院画师唐云、王个簃负责辅导。1956 年，上海人民美术出版社曾聘请著名月份牌画家金梅生主办“梅生画室”，实为传承擦笔水彩技艺的培训机构，专注培育青年学员，以弥补社会上年画新生力量不足之境况。

上海美专解散后，余下的教职工在困苦岁月中依然顽强不息，不仅利用延续下来的上海市美术学校和工艺美术训练班培养了一批商品包装人才，还抓住时机创办了短期的“工农兵美术创作学习班”和“工艺美术学习班”，为上海市和外省市培养了不少美术创作和美术设计人才。

“文化大革命”中期，上海轻工业学校改名为上海轻工业七·二一工人大学（实质是职业技术学校，无学历），上海工艺美术学校也以技工学校的性质复校，都采取从工人农民中间选拔学生，经过职业培训以后再回到生产实践中去的做法。由于在选拔机制和培养方式上都过于强调突出政治，这类特殊的职业培训学校所取得的实际成果自然是聊胜于无。

# 第二章 上海现代包装设计多元互动的转折期

1949 年新中国成立，至 1956 年社会主义三大改造基本完成，是国民经济从休养生息进入全面发展的时期。当然这一时期最鲜明的特点是以计划经济为主。由于国家对主要产品实行了统购包销政策，产品的生产、收购、分配也都是按计划进行的，所有的产品都可以说是“皇帝的女儿”——不愁嫁不出去，绝大部分商品是用不着考虑包装装潢的。因此，包装装潢主要是为出口商品作嫁衣裳。此时，一些沿海出口口岸城市，如天津、上海、广州开始筹建包装设计机构。上海成立了上海美术设计公司，工作的重点主要放在出口商品包装装潢方面。中国艺术设计在 1949—1978 年间的发展被贴上了政治化的标签，这种简单而粗疏的看法造成了历史叙述的概略化、断裂化和模糊化。然而无法否认的是，对历史的阐述必须面对多数人具有的普遍性的共同经验。1949 年后的上海包装设计并没有一下子就滑入类似“文化大革命”初期的那种阴霾之中，而是在商业政策裹挟下呈现出具有分阶段的演变过程和多层次的复杂面貌。

1949—1957 年间的上海包装设计主要有三大承上启下的转变。第一是设计体制之变：社会主义改造完成后，政府建立了依据行业归口管理的计划体制。第二是设计职能之变：伴随上海城市定位和职能的转变，具有特色的上海设计风格中的商业性和世俗化的一面得到改造，逐渐让位于民族性和大众化。第三是设计风格之变：老上海的设计传统和苏新国家的外来风格产生了激荡与渗透，形成了新旧共栖、融合并存的局面。应该说，20 世纪 50 年代上海设计发展的基本面是良性的，尤其是在服务于工业生产以及满足人民生活所需等方面，而“三反”“五反”和“反右”等政治运动很大程度上动摇了上海包装设计的经济基础和“重商崇洋”的文化内核。



1. 解放大上海的经济意义［N］. 人民日报，1949-05-07（1）.

## 第一节　新中国成立初期的整顿与改造（1949—1952）

新中国成立前的“十里洋场”汇集了当时中国 60% 的工人和现代企业，但工业规模普遍较小。新中国成立伊始，《人民日报》便发表社论，要将上海变为“一个人民的工业大都市”[1]，而此时上海登记的工业企业共 5 990 家，其中除了 103 家算得上规模较大（500—3 000 人）外，其余只能算是手工业式的企业。面对生产落后、千疮百孔的经济局势，国家的工作重心立即转移到稳定市场、恢复经济和扩大生产上。上海市委市政府采取措施取消帝国主义特权、接管和没收官僚资本，初步建立起社会主义国营工业。通过多次打击投机势力使经济混乱的局面得以控制，稳定了物价和市场，同时也使工商市场陷入萧条，包装发展深受影响。1950 年 4 月，市政府提出“克服困难、维持生产”的方针，开始对民族资本主义工商业进行调节整顿，帮助他们走出困境、促进生产。再加上实施“反封锁、反禁运、反轰炸”和土地改革等一系列措施以及抗美援朝对经济的刺激，到 1952 年底，上海经济各方面实现了全面复苏，工业总产值比 1949 年增加了 94.2%，其中轻工业增加了 74.2%；社会商品零售总额比 1950 年增长 31.9%，平均每年递增 14.9%。[1] 同时，上海的经济结构开始转变，轻工业在工业产值中所占比例则从 1949 年的 88.2% 下降到 1952 年的 79.1%[2]。1952 年私营大型工业企业（纸盒业）年总产值约为 195.4 万元 [3]。《人民中国》高度评价了这座城市的新职能：“上海已从中国经济生活中传染病扩散的病源，变成一个新中国力量的源泉。”[4]



## 一、政府委托项目的增长

中国共产党将组织群众运动的方式带入了上海，政治宣传和政府其他委托方面的设计业务呈爆发式增长。上海文化与工商管理部门通过建立官方团体（以中华全国美术工作者协会上海分会为代表）、国营设计单位（以上海美术设计公司为代表）和出版机构（以华东人民美术出版社为代表），重新整合行业和组织开展业务。

20 世纪 50 年代初期的上海，意识形态迅速取代传统工商业，成为主导性的设计需求，来自政府的设计委托大大增

1. 祝兆松．上海计划志［M］．上海：上海社会科学院出版社，2001：69.

2. 唐振常．上海史［M］．上海：上海人民出版社，1989：961—962.

3. 上海市纸盒工业同业公会 1955 年度报表［R］．上海：上海市档案馆．S107-4-71.

4. 杨东平．城市季风［M］．北京：新星出版社，2006：329.

加了。从 1950 年到 1953 年的“新年画运动”开始，“年连宣”等普及性视觉艺术的传播与设计迎来了全面的发展契机，几乎所有画种的优秀艺术家都曾投身其中。“年连宣”的盛行反映了为最广大人民，特别是为农民服务的文艺方针，而这一方针也被充分贯彻到包装设计的形式之中。与此同时，意识形态对商业包装的发展产生一定抑制，再加上政治和经济形势尚未平稳，传统上来自工商业的设计委托大为减少，行业整体在“三反”“五反”后陷入颓势。对于与包装相关的行业，比如材料、印刷等行业来说，包装得不到较好发展，供材和印刷等围绕包装业务的衰退异常迅速，整体商业失去竞争。新材料的运用也无法得到施展。比如，我国制造瓦楞纸箱的历史可以追溯到 1920 年，但在新中国成立后重新大批量使用瓦楞纸箱是在 1954 年开始的。与日美等国相比，晚了几十年，不仅起步晚，技术起点也较低。[1]



1. 戴文 . 浅析建国以来我国包装印刷工业演变历程与发展特征 [J] . 大众文艺，2017（21）.

从 1954 年上海纸盒工业同业公会的会员业务概况文件中可以看出一二。当时纸盒工业宏观来看主要产品包括瓦楞组生产之万枝、烟箱、苏版箱以及各种商品大包装用瓦楞纸盒等，轧盒组生产之橡胶鞋盒、车胎盒，手工组生产之油墨盒、针药盒、化妆品盒、水泥纸袋等。次要产品包括：瓦楞组生产之热水瓶、瓦楞盒、电灯泡盒及瓦楞纸、牙膏、墨水等外套盒，轧盒组代轧各种平板纸盒，手工组生产之针线品盒、五金零件盒、食品盒、电池套及各种纸袋等。总之本业产品品种较多，仅举其大者，其他不及备载。但是同业生产经营情况失去市场竞争的活力，总体不甚理想。文件中有述，如下：

本业是附属品工业，承接订货，以销定产来经营的。1950

年起逐步接受国家加工订货，1952年开始有加工任务，到现阶段加工已远超过订货，例如1954年（10人以上厂）为国家及合作社生产的产品价值来说，加工为68.81%而订货仅及31.19%，另一方面私营对象的订货和代工数字还是很大的。仍以1954年为例，此项业务占总产值（10人以上厂）55.58%，但其中绝大多数是国家包销订货所需，真正自由市场所占极微，目前公私比重，公的方面在不断增长中。[1]

同时，上海旧有的城市生活方式面临着社会主义意识形态的重新塑造，在此时呈现出新旧共存、土洋驳杂的面貌。



## 二、政治宣传的需要

政治宣传主要是指通过绘制领袖像、设计招贴画、布置游行集会、模型制作等来宣传政治运动和传播国家形象。除此以外，还有大量经济、文化诸方面的政府委托，包括各类展会、陈列、建筑装饰、书籍、报刊等设计项目。包装设计也不例外，在商品流通中发挥着政治宣传的重要作用。上海解放前夕，受中共上海地下组织部署和委托，具有进步思想的艺术工作者已投身于轰轰烈烈的迎接解放的宣传之中。

新中国成立之初的政治宣传与社会教育的一大特点就是充分活用既有的商业广告装置，同时也作为改造资本主义消费文化的手段。受社会风气影响，包装设计风格从追求华丽转为简俭朴素，在“抗美援朝”“三反”“五反”等政治宣传中发挥有效作用（图2.1.1[2]）。除政治宣传外，包装设

1. 一九五四年上海纸盒工业同业公会会员业务概况［R］. 上海：上海档案馆 .S107-4-3.

2. 图片来源：笔者收藏。

计还在宣传法律、卫生教育等生活文化领域都发挥了重要作用。

上海美术家协会和上海人民美术工厂（上海美术设计公司前身）是当时从事政府委托项目的两大主要机构。中华全国美术工作者协会上海分会（以下简称“上海美协”）成立于 1949 年 8 月，330 名会员参加成立大会。江丰代表全国美协致辞，大会选出刘开渠、庞熏琹、张乐平、陈叔

图 2.1.1　20 世纪 50 年代交流牌四季内衣包装纸

良、陈秋草、钱君匋等41人为委员，推丁浩、蔡振华等9人为候补委员。受到新政权的感召和政府的组织动员，具有一定社会声望的艺术家和设计师基本都加入了上海美协，和来自原解放区的美术设计队伍初步形成了团结一致的局面。上海美协的成立，为新中国成立初期包装设计工作开展的集体化、突击化的政治宣传蓄积了力量。同时，上海美协的成立也为指导群众美术设计创作提供了便利条件。

新中国成立前，上海包装设计的优势资源主要集聚在生活日用品的产业领域，从业人员也以擅长实用和商业美术为多。新中国成立初期，由于艺术设计职能的转变，传统的优势门类开始分化，面临各自不同的发展境遇。一些门类因生产生活所需而恢复迅速；而另一些门类，因与社会主义的经济理念和管理体制相抵牾，受到一定程度的抑制，逐渐步入低谷。包装设计的发展在这种情况下，也受到一定影响，这种影响主要是从管理角度和社会服务角度出发审视。



## 三、社会改造的影响

新中国成立到20世纪70年代末，上海包装设计逐渐跌至发展的谷底，归结起来最主要的原因是经济体制的改革和政策的抑制，让民国时期一度非常活跃的包装设计和品牌推广活动在新中国成立后逐渐萧条。对于包装来说，此时并没有相关的管理规范。但以广告业为例，1949—1952年，国家对国内广告业从四个方面进行了整顿管理：建立新的广告法规；对私营广告业进行整顿；接管解放前国民政府统治下的新闻机构，开办新中国广告业务；强调广告业配合党政工作开展业务。新中国成立之初，在相对宽松的政治氛围下，广告业总体上获得了一定的发展空间。根据《共同纲领》中的相关规定，“凡有利于国计民生的私营经济事业，人民政府应鼓励其经营的积极性，并扶助其发展”[1]。私营企业作为国有企业的重要补充仍受到一定的重视。

在新中国成立初期由新民主主义社会向社会主义社会过渡的几年里，包装作为一种重要的宣传手段仍显重要，对品牌形象的宣传有着一定的保障。但到 1953 年，政府基本完成了对原来资本经济的社会主义改造，确立了国营经济的主体地位，在经济体制方面也开始实行计划经济。在此情形下，国营企业由国家下达指令性生产计划并实行统购统销的销售政策，并不倚重竞争性的品牌宣传、包装促销和新产品开发，对包装设计和广告推广的需求大大减少。因此，包装设计的发展在此时期极为缓慢，甚至一度停滞、倒退。上海包装设计的大幅度衰退就是一个很好的例证。曾经包装业极为发达的上海，也陷入了历史的低潮期。据《上海市广告管理办法》规定，报纸广告版面所占比例由 40% 骤减至 15% 左右，《解放日报》的包装广告版面更是只剩可怜的 1/12。[2] 同时，包装设计的服务费用也从 20% 降至 8%[3]。到 20 世纪 50 年代中后期，国内包装设计的发展已基本处于停滞状态。

艺术创作的视野随着政治风向的变化也发生了转移。20 世纪三四十年代包装设计中所呈现的多元化的设计风格、丰富的创作主题、多种多样的创作形式逐渐消失。而战时解放区中所提倡的那种简洁实用、质朴无华的设计风格，



1. 建国以来重要文献选编（第一册）[C]．北京：中央文献社，1992：8.

2. 陈伯海．上海文化通史·下[M]．上海：上海文艺出版社，2001：2175.

3. 王垂芳．上海对外经济贸易志·下[M]．上海：上海社会科学院出版社，2001：1988.

以及民族传统和民间艺术的审美情趣较好地保存下来，并在对资本主义经济进行社会主义改造之后得到发扬，主导着包装设计发展的方向。比如，民国时期非常盛行的烦琐装饰的包装也接受了一种政治话语式的“改造”，其性质也从商业宣传的目的转变为一种政治宣传的途径，并在这样一种转型中有了全新的发展。20 世纪三四十年代以美女为主要表现对象的包装设计被表现劳动人民生活、农业丰收、社会生产以及领导人话语口号所取代，不过民国时期商业美术创作的风格和创作技巧却在新中国成立初期得到继承与发展，同时在新中国的商业包装的创作中得到运用和发扬。



新中国成立初期的画家们和月份牌画家们大部分转入为新中国的实际服务建设项目中，从事包装设计以及其他实用美术的行业，服务新中国的商业建设。这一时期，上海包装设计行业在新中国初期处于进入新时期的阶段。这一时期创作的包装设计表现着新中国成立以后的喜悦和欢快之情。如图 2.1.2[1] 冠生园食品公司的什锦饼干铁筒包装上的图案是一幅欢乐祥和的场景，与当时的时代背景非常吻合。

1. 图片来源：郭纯享提供。

图 2.1.2　新中国成立初期上海冠生园食品公司什锦饼干铁筒

国家在完成对原来资本经济的社会主义改造后，包装设计产业的调整有些并没有对包装业务的发展造成后退影响，而是基于政策影响，进行了行业内部调整。这在《上海市纸盒工业同业公会历史沿革》中关于 1952 年的总结就可以看出——“解放后三年多来，由于政府培植民族工业走向发展，各种纸盒的产量也随之增高，唯因增产节约运动的展开，部分工业品改变包装法，取消纸盒而用纸包，也有使用同一种包装，盛放同类产品不同规格的情况出现。一方面，虽然减少了营业对象，但另一方面像钢笔盒、针线盒、文具用品等却都大量加紧生产，所以总的说来，依据目前营业情况，生产价值来估计，是比解放前增高了30%”[1]。



手工纸盒的会员户数占全业户数的 90%，由于分散的原因，所以没有单独的大量生产者，加之除制盒坯时可利用机器大量生产外，到糊制阶段完全依靠人力，无法机制且其成品后又需大量场地来放置，因此大量生产更觉困难。但是新中国成立后许多工业产品都集中起来了，为了适应环境和本身的需要，于是相继组织了联销机构，到现在止已有 6 个联营所，包括会员有 151 户。同时，受增产节约运动的影响，包装盒上也开始增加“联合增产、支援建设”等字样。包装作为宣传的一种手段，在此期间起到了非常大的政治宣传口号作用（图 2.1.3[2]）。

解放后响应节约运动，军用的橡胶鞋和部分的香烟条盒都废去了纸盒的包装，改用绳扎或纸包，其他各种的轧盒在数量上虽有增加，但总的说来，照在目前的情况下，还未到尽量发挥力量的阶段。

瓦楞纸盒、瓦楞纸箱，由国人自设工厂制造，约在 1920

1. 上海市纸盒工业同业公会历史沿革［R］. 上海：上海档案馆 .S107-3-1.

2. 图片来源：笔者收藏。

年初期开始营业制造，主要对象是出口的冰蛋箱、瓷件和手工艺品，其实大星的瓦楞盒厂尚有用麻布、柏油裱成的纸板箱，专盛冰蛋以利保冷，堆积运输，其耐用力超过板箱，直至“八一三”后，因出口货品受到影响而无形停产。制造瓦楞纸盒须具有电动力与机械设备，而所需原料亦相当可观，故在我业中说来，其资金较其他会员厂为雄厚，唯其所受帝国主义资产阶级的压迫却最深。盖外商只在沪设厂制造的瓦楞纸盒者，有美商中国板纸制品公司及日商上海纸器公司规模宏大，操纵当时的出口蛋箱与花边箱，使我业商盒厂啃其残余。故在“八一三”前后，会员中的瓦楞盒厂户数甚少。发展困难，而其与外商搏斗之精神可

图 2.1.3　20 世纪五六十年代上海市提篮桥区背袜带生产小组包装盒

见一斑。[1]

国民党统治晚期通货膨胀的失控，使上海的经济形势极端恶化，所以新中国成立后的首要任务便是要整顿市场和恢复生产。在人民的支持下，国家以令人惊讶的速度消灭了曾经到处充斥着的混乱和腐败，恢复了上海城市运行和日常生活的秩序，为进一步展开大规模的社会主义建设奠定了基础。

随着政治和经济形势的好转，上海的城市面貌和生活方式也迅速发生着变化。短短几年间，以舞厅、西餐、出租车、黄包车、奢侈品为代表的“腐朽的资产阶级生活方式”逐渐式微，而以烟民、娼妓、乞丐为代表的“社会丑恶现象”则被一扫而空。这个阶段人民生活水平得到很大改善，上海工人的工资水平增长较快，再加上物价回落的因素，1953 年初的上海各企业一元底薪可购折实单位相比 1949 年同期提高了 119%。[2] 因此，市场上的商品种类较为丰富，供求关系平稳。[3]

随着上海由消费型的商业城市向生产型的工业城市转变，艺术设计的职能面临转型。在城市生活“移风易俗”的时代语境中，设计扮演了积极的角色，展现出重新塑造日常生活的能力。一方面，为了支援社会主义生产机制，包装设计职能从为消费服务转向为生产服务；另一方面，为了塑造新的社会生活方式，朴素的包装风格开始冲击这座城市的日常审美经验，甚至成为区分阶级成分和强化身份认同的工具。



1. 上海市纸盒工业同业公会历史沿革［R］. 上海：上海档案馆 .S107-3-1.

2. 上海市总工会党组关于工人劳保和工资福利方面的调查材料向市委的报告［R］. 上海：上海档案馆 .C1-1-106.

3. 作家何满子的回忆可以从侧面佐证这一点：“建国的头几年，倒没有这票那票的，市场上也没有排长龙的现象。当时有个前苏联的艺术团体，芭蕾大师乌拉诺娃那一批吧，1952 年到上海，年轻的男女演员们在上海淮海中路闹市一看，商店里货品琳琅满架，使他们大吃一惊，纷纷争购香水、发油等化妆品，可见在他们国内是难得弄到的。”陈明远 . 知识分子与人民币时代［M］. 上海：文汇出版社，2006：97—98.

## 第二节 “一五”时期的探索与发展（1953—1957）

经过三年举国上下的共同努力，国家的经济形势出现了全面复苏的景象。考虑到抗美援朝战争的影响，社会经济的恢复速度如此之快，出乎所有人的意料。1953 年是“第一个五年计划”的开始。由于缺乏经验和方法，原定的“一五”计划迟至 1955 年才最后启动。1953 年 6 月，中共中央正式提出过渡时期总路线和总任务：在一个相当长的时期内，逐步实现国家的社会主义工业化，并逐步实现对农业、手工业和资本主义工商业的社会主义改造。1956 年，上海完成了全市农业、手工业和资本主义工商业的社会主义改造，其中全市 93.1% 手工业从业人员走上了合作化道路。

1951 年，由上海市工商行政管理局和市工商业联合会领导，对旧印刷同业公会进行改组，成立上海铅印工业同行公会，印刷、包装盒业经整顿、拆并、转业和支内，至 1956 年印刷业由原 954 家合为 750 家，纸盒业由 445 户合为 205 户。经过调整行业结构而出现了行业特色，如制作精细的凹凸印制和彩色商标的许良友凹凸彩印厂（现上海凹凸彩印厂）和飞达凹凸彩印厂（现上海人民印刷八厂）。这些厂各自拥有一定的设计力量，在牙膏、化妆品、医药、酒类、食品、器皿等的包装设计上，形成了各自的一定风格。1956 年，大规模的工商业和手工业的社会主义改造完成之后，与计划经济相辅相成的设计管理体制也随即进行了初步的建构，新中国的包装设计整体呈现另一种景象。

## 一、重获活力的商业美术

20 世纪 50 年代初期，私营工商业在国民经济中尚占据重要地位。包装设计在剔除旧中国半殖民地半封建社会残留的影响后，得到一定程度的恢复和发展。出于战后恢复国民经济的需要，上海市人民政府采取了相对宽松的政治经济政策，也允许包装设计继续存在和发展，以适应经济建设的需要，同时加强了对包装设计行业的管理。到 20 世纪 50 年代中期，政府对农业、手工业和资本主义工商业的改造基本完成。1952 年以后，鉴于社会上普遍流行“社会主义企业不需要做广告”的观念，国有工商企业在路牌和报纸上的广告投放大量减少，再加上“三反”“五反”运动的影响，上海广告业一直未走出低谷。1955 年 6 月，《人民日报》发布《反对刊登广告中的铺张浪费现象》一文，认为许多广告“是不必要老刊登的”。到了 1956 年，上海广告业仅剩 38 家机构 237 人。随着“三反”“五反”的结束，紧张的政治气氛得以缓解。社会主义改造的深入和“一五”计划的实施使生产力普遍获得较大提升，社会商品不断增加，商业美术设计因此获得发展良机（图 2.1.4[1]）。



1. 图片来源:《春华秋实：上海美术设计公司五十年》《家用化学产品样本》.

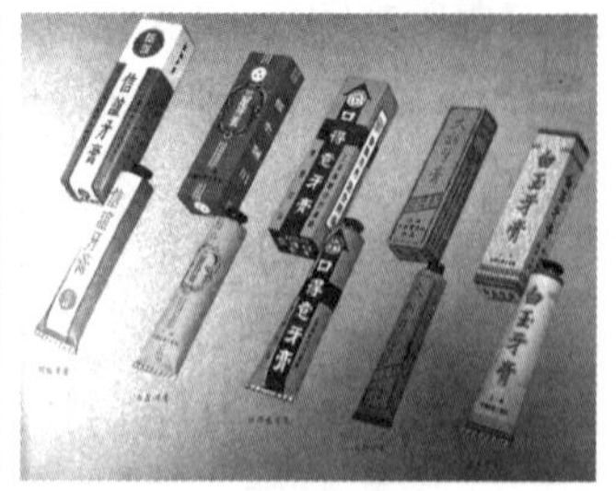

图 2.1.4　20 世纪 50 年代上海市提篮桥区背袜带生产小组包装盒

1956 年，上海包装设计迎来重要转折，政府注意到社会上停滞消极的工商关系，统购统销管控过严的局面得到了一定程度的改善。是年 6 月，副总理陈云在第一届全国人民代表大会第三次会议上发表改变工商关系的讲话，指出“在巩固的社会主义基础上实行一定程度的自由推销和自由选购。也就是计划经济范围内的自由市场”。这为设计业和广告业打开了广阔的发展空间。中国广告公司上海市公司的一份报告指出：“目前形势已不是广告需要不需要的问题，而是如何来满足社会各方面对广告的需求问题。”[1]



这一时期，包装设计在商业宣传中的作用凸显出来，随着广告宣传被重视，尤其是路牌类广告重现供不应求的状况，中国广告公司上海市公司在主要街道的广告位几乎全部脱销。1957 年 5 月，该公司还和上海美术设计公司在上海美术馆联合举办了一场“国内外商品包装及宣传品美术设计观摩会”，共有 600 余件展品，参观人数 6 000 余人。1959 年，又在中国广告公司上海市公司基础上成立了上海市广告公司，该年收入达 971 万元，是 1956 年的 18 倍。

1. 中国广告公司上海公司讨论第八届全国商业厅局长会议精神汇报［R］. 上海：上海档案馆，1957. B123-3-881-61.

外贸商品广告及包装需求增长很快。随着上海出口商品结构由农副产品为主向以工业品为主转化，出口商品的包装设计和广告宣传的水平亟待提升。市贸易信托公司原仅有广告设计人员 7 人，并缺少高水平者，业务多委托外部设计，无法适应广告业务的发展需求。上海市对外贸易局为此“招兵买马”，在 1958 年筹建了“上海对外贸易出口商品美术工艺综合工厂”（上海广告公司前身）。新型材料的包装业随之发展并得到很好的应用。瓦楞纸箱在 20 世纪 20 年代的上海就已经开始生产，50 年代逐步开始广泛使用。图 2.1.5[1] 为 20 世纪 50 年代上海码头的船运业中，此时已经开始大量使用瓦楞纸箱作为包装运输材料，可以明显看到对于新材料的使用已经越来越普遍。



1. 图片来源：郭纯享提供。

图 2.1.5　20 世纪 50 年代上海市提篮桥区背袜带生产小组包装盒

## 二、纳新存异的社会风习

“一五”起始，国家经济情况明显好转。“三反”“五反”结束后，上海这座曾经被称为“资产阶级大染缸”的城市以其顽强的审美底蕴和文化的包容性，社会风气为之一变。随着“一五”计划的深入实施，上海市民的生活方式开始发生本质性的转变。这主要体现在食品和日用品的定量供应制度以及住房分配制度。需求和供给的矛盾在之后的若干年里持久困扰着在这座城市里生活的每一个人。1956 年 4 月 25 日，毛泽东在中国共产党中央政治局扩大会议上作了《论十大关系》的讲话，4 月 28 日，他提出“百花齐放，百家争鸣”的方针。受到鼓舞的知识分子抛开顾虑，对社会主义建设中出现的消极现象提出很多批评和建议。1957 年 6 月，政治形势突然逆转，一场始料未及的“反右”运动直接终止了依据“双百”方针开展的“大鸣大放”以及“一五”前期全国上下集中精力建设社会主义的良好局面。这打击了一大批优秀的学者专家，偏转了设计教育的正确方向，桎梏了现代设计的思想理念，破坏了上海包装设计正处于稳步上升中的良好局面。



“一五”时期乃至到 20 世纪 60 年代，包装工业常说的一句话是：“一等产品，二等包装，三等价格”，并以此证明我国包装工业的落后。其实“二等包装”局面的出现是计划经济的产物，受社会和经济政策的影响，包装工业作为依附于其他行业的配套性部门，失去了发展的基础。在特定时期，对产品有一定美化作用的包装设计甚至被作为资产阶级的东西加以批判。这对包装印刷工业的打击尤为严重。包装印刷的主要作用就是美化包装产品，提供产品信息，提高附加值，但在“文化大革命”期间，出于政治上的需要，全国主要印刷力量都被用于印刷政治性的书刊，包装印刷工业的发展被忽视，直接导致改革开放后我国包装印刷工业基础落后的局面。

从整个社会经济发展的角度看，我国在改革开放前长期坚持计划经济体制，产品的生产和流通主要受有关政府部门的统一指挥和调配，商品经济规律很难发挥作用。在这种情况下，包装的主要作用体现在保护商品和方便运输方面，缺少市场经济环境下对美化商品、提升产品附加值和促进销售的追求。这就直接导致了对包装的装潢功能的忽视，进而影响了包装印刷工业的发展。“二等包装”在很大程度上是部分人士在国际贸易中接触了国外的产品的包装形态之后，对我国包装工业发展水平的形象概括。因此这句话一方面表明了我国包装工业发展水平的落后，另一方面也表明了“Made in China”（中国制造）在国际贸易中所处的弱势地位。[1]



1. 谭俊峤 . 建国后我国包装印刷工业发展历程［J］. 印刷工业，2009（9）.

值得肯定的是，尽管在当时出口商品的数量相对来说非常之少，包装装潢还是得到了一定程度的重视。为了提高包装设计水平，彼此沟通情况，交流经验，1956 年 11 月，北京、天津、沈阳三市的相关包装协会在沈阳召开第一届轻工业品美术包装设计经验与作品评议会。此次评议会虽然规模小，参加评议的作品只有 160 件，但在行业中的影响还是很大的。这是全国首次民间自发的经验交流评比活动。这次会议还邀请了上海、广州等省市以及中央工艺美术学院。这说明这一时期包装设计已逐步受到重视，而且在组织建设、人才培养与开展交流活动等方面都已有了起色。这些无疑对于我国包装设计工作的健康发展起到了良好的促进作用。

在此期间，包装企业在相应国家公私合营的号召下，进行了大规模的企业合转、并、改行动。从笔者通过数据调研和档案查询，对 20 世纪 50 年代之前的 977 家包装企业进行的发展脉络的总结，可以得出各大包装相关企业的沿革情况。较多的小规模包装相关企业大部分在 1956—1958 年相继完成了大规模的工厂合并（详情见附录一）。

# 第三章　上海现代包装设计矛盾相间的发展期

从 1958 年开始，上海的包装设计进入以矛盾相间为主要特征的发展时期，历经了“大跃进”、国民经济调整时期和“文化大革命”三个阶段。1958 年开始的“大跃进”是一次通过快速工业化走向“现代性”国家的失败试验，造成了国民经济和人民生活的惨痛损失，但上海也在这个过程中凭借老工业基地的优势，开展了许多追赶国际先进水平和填补国内空白的包装设计活动。20 世纪 60 年代初的上海包装设计回归到满足“吃穿用”、赚外汇的对外贸易的方向上，重新进入一段较为平稳、快速的发展轨道。但这个阶段并未持续多久，“极左”思潮泛滥的“文化大革命”开始了。在“文化大革命”初期的动荡和混乱中，包装设计事业遭到极大的干扰与破坏，但上海相对平静的社会生活和严格的生产管理又为 20 世纪 70 年代以外贸产品为主体的设计复苏创造了基本条件。

这一时期上海包装设计的发展矛盾主要集中在三个方面。一是急于求成的工业化建设和羸弱的经济基础之间的尖锐矛盾，导致了以透支设计资源为结果的盲动型的设计“赶超”；二是参与国际竞争的对外贸易和压抑消费的国内物质生活之间的对立与反差，导致了外销产品和内销产品呈现截然不同的包装设计面貌；三是狂飙突进的“左”倾意识形态和追求实用体面的市民文化之间的消长冲突，导致了包装设计活动的商业化普及。

## 第一节 “大跃进”时期的突变与盲动（1958—1960）



“一五”计划的成功实施使中央和地方不少领导干部对社会主义建设产生了好大喜功、急于求成的思想情绪。1957年11月13日,《人民日报》发表了题为《发动全民，讨论四十条纲要，掀起农业生产的新高潮》的社论，第一次提出了“大跃进”的口号。1958年5月召开的中共八大二次会议制定了“鼓足干劲，力争上游，多快好省地建设社会主义”的总路线，通过了第二个五年计划，为“大跃进”正式制定任务和目标。上海在这个时期贯彻执行“以钢为纲”和“充分利用，合理发展”的工业方针，各行各业都掀起了“大跃进”之风。而包装设计的“跃进”主要体现在材料、工艺、包装的二次利用等方面。“大跃进”对进一步完善设计职能部门、发展设计队伍也有一定促进作用。为了达到“多快好省”的目的，设计力量薄弱的轻工业系统一方面发动群众积极参与，并联合上海中国画院开设美术设计培训班；另一方面从1960年开始，轻工业局由科技处的新产品试制这条线上归口，从公司到工厂相应地在技术部门设专人或兼职专管美术设计工作，建立常态性的设计部门。

## 一、群众运动的导入路径

为了改善美术设计力量薄弱的状况，各行业，尤其是轻工行业主要通过发动群众达到“多快好省”的设计跃进。这场群众化的设计运动以“劳动竞赛”和“双革活动”(“技术革新”和“技术革命”)的名义举行，以“三结合”为管理手段，在开展具体的设计实践时，还提倡“五边”(“边研究、边设计、边试制、边使用、边改进”)工作法。

新中国成立之初，各行各业就在抗美援朝、增产节约等运动中发起了苏联式的社会主义劳动竞赛活动，“大跃进”初期进一步推广了这种做法，设计单位也纷纷开展竞赛。20 世纪 50 年代中期，体力型的劳动竞赛开始向智力型的“双革”活动过渡，即“技术革新”和“技术革命”。这两个概念略有差别，“技术革新”指小的技术改进，而“技术革命”指根本性的、具有重要影响的技术进步。[1] 从这个角度讲，当时的技术成果大多应归于“技术革新”。

“三结合”是时代理念强力引导和催生的产物，主要指群众、干部和技术(设计)人员三方的集体创作，有时也指生产、科研单位和高等学校的紧密合作。这种后来被称为“鞍钢宪法”的管理体制推翻了主要依靠技术人员与管理人员的苏联建设经验，更注重发挥群众的智慧和主导作用，成为弥补业务专家大量短缺的替代性措施，在几乎所有的专业领域都得到大力倡导。1959 年 4 月，一款“天女散花”的新被面图案由于平衡了花样翻新和节约染化料



1. 宋庆贵 .“大跃进”运动中的技术革命评析［J］. 哈尔滨工业大学学报，2005（3）.

2. 从印染业一个新品种的设计谈起［J］. 解放，1959（7）.

的矛盾，得到上海市委机关刊物《解放》的称赞。[2]该报道特别指出这位设计师原是杨浦棉纺织印染厂的一位青年工人，学习设计才两年，他在设计过程中打破了很多传统陈规，这显然暗示了群众中所蕴含的充沛的创造才能。应该说，广大群众在这个过程中表现出了不畏艰难、忘我奋斗的精神。以这种精神为依托，一些设计领域出现了突破性的成就。但“三结合”也包含对学院知识以及技术专家的轻侮和否定，不利于走专业化道路，对系统化、持续性的研发产生了极大的阻力。

## 二、包装的后发效应



20 世纪 50 年代中后期，毛泽东、刘少奇等中央领导人在不同时间和场合都提到过“赶英超美”的想法，比较完整的表述来自 1958 年《人民日报》的元旦社论《乘风破浪》:“我们要在十五年左右的时间内，在钢铁和其他重工业产品的产量方面赶上和超过英国，在这以后，还要进一步发展生产力，准备要用二十年到三十年的时间，在经济上赶上并且超过美国。”虽然“赶英超美”的主要指标是钢产量，但是在包装领域也有所表现。比如第 94 医院王栋 1959 年所发表的《利用木柴盒包装注射剂》，提出了用木材代替马粪纸制作注射剂包装盒的方法。全文笼统介绍方法，没有验证，没有具体数据，一味陈述木材如何比纸质包装盒经济实惠好加工。但根据常规经验判断，木材加工所费工时，势必要比纸质成本更高。原文如下:

在全国大跃进形势的鼓舞下，我院创建了制药厂，但包装针剂所用的马粪纸难以采购，即使能采购到，质量也差，不适应用。因而我们想使用木材代替，经过试验，结果满意，不但解决了原料问题，而且可以降低成本，为祖国节约基金。现介绍如下，大小规格根据针剂所需大小而定，我们采取下列三种规格：

10 毫升 5 支装，纸盒为 2.2×10×10.2 厘米，

2 毫升试纸装纸盒为 2.5×6.3×7 厘米，

1 毫升，10 只装纸盒为 2.3×6×6×6.5 厘米。

优点：

（1）制作简单，一般火柴厂都可以加工，形如同火柴盒；

（2）取材方便，尤其在出产木材地区，原料更为丰富；

（3）成本低，可比纸盒便宜 2—3 倍；

（4）牢固坚实，与纸盒比较并不差。[1]



**再比如，大连水泥厂利用回收废旧水泥袋来代替新的水泥袋的文章《利用旧纸袋节约包装用纸一千二百五十吨》，文中数据多有不实，有明显夸张之嫌，整体数据经不起推敲。全文如下：**

1. 王栋 . 利用木柴盒包装注射剂［J］. 中国药学杂志，1959（7）.

大连水泥厂为了及时支援工农业生产更大跃进，职工们发挥了勤俭节约的革命干劲，回收破旧水泥纸袋四百九十万零四百多个，加工后，代替新纸袋包装水泥，不仅节约了 1 250 多吨纸张，又解决了 245 022 吨水泥的包装问题，而且由于常年坚持勤俭节约的精神，为国家节省包装费 676 250 多元。

几年来，我厂水泥产量不断提高，包装用纸也随之不断增加，每年用纸费约占水泥成本费的 1/4，这个数字是很大的。厂党委根据当前情况，在职工中掀起了节约纸张竞赛，提出“比节约、比指标、比措施、比干劲”的“四比”运动。

收购小组积极地响应了这一号召，展开了“勤跑、勤问、勤看”的“三勤”运动，奔走在各个地区的生产、基本建设工地上，进行收购工作，使回收率不断提高。在1958年人力、运输力不足的情况下，竟收购了300余万个破旧水泥纸袋，比1957年的实际收购量还多收购了191万多个。这些破旧纸袋经过加工后，全部用于生产。我厂制成车间包装小组在操作中推行了“三巧一精”法，基本上消灭了纸张破损现象，节约大量包装用纸，生产率也由过去日产24 000包左右提高到3万包左右。目前厂内职工们正在为争取回收300万个旧纸袋，解决15万吨水泥的包装问题而努力。[1]



“赶英超美”反映了“跑步进入共产主义”的乐观精神，也在一定程度上促进了产品的升级换代，提高了生产技术水平，但是采取“打擂台”“放卫星”等方式违背了客观的发展规律，甚至完全脱离了现实的可能。这种盲目攀比的现象在当时比较普遍，也造成了大多数技术指标已达到先进水平，但是关键性指标却一直无法取得突破的矛盾现象。例如一直到1965年，国产自行车虽然平均质量得分已远远高于“兰苓”，但在骑行轻快、车身自重和车身强度方面和“兰苓”相比，仍存在不小的差距[2]。对于产品设计而言，“赶英超美”进一步使仿制设计的做法常态化。所谓“赶超”，即意味着需要先制造出一个和标杆产品起码接近的产品，然后再作提升。这不仅需要内在质量性能的“接近”，也需要外观造型设计的“接近”，因为只有外观造型的趋同才能传达出“赶超对象”的存在，并将发生在产品内部的性能提升“可视化”。这也就是为什么当时的新闻报道一般对“仿制原型”毫不避讳的原因。

1. 徐文桂．利用旧纸袋节约包装用纸一千二百五十吨［J］．建筑材料工业，1959（5）．

2. 自行车产品质量技术鉴定检验规范［R］．上海：上海档案馆，1966.B155-1-188.

## 第二节　国民经济调整时期的转向与应对（1961—1965）

1962 年 12 月由中国美术家协会上海分会举办《火柴盒贴艺术展》，展览期间召开座谈会。在座谈会上“大家认为解放以来，许多工业产品的造型设计、宣传广告、装潢印刷等都有较大的进步，但由于旧社会遗留下来的经济文化落后的影响，造成实用美术在前进的道路上面临许多困难和问题，跟不上工业发展的需要。特别是有关实用工业产品的造型设计等工作，许多地方缺乏专家和技术协助。美术家们对实用美术的联系较少，关心也不够。过去工作中有些偏重于特种工艺产品，对于广大人民日常生活用品的美化问题缺乏全面的注意”[1]。



### 一、经济调整的设计转向

1. 犁霜 . 上海分会讨论实用美术设计问题［J］. 美术，1963（1）.

值得注意的是 1963 年之后，《工艺美术参考》《装饰》等设计专业期刊相继停刊，有关衣、食、住、行的艺术设计专业文章也难觅踪影，设计专业理论建设与发展好像无关紧要，设计就是以反映政治的需求为主。图案设计是在实用、经济、美观的原则下进行创造性活动，强调个体的独特感受，是以造型、纹样、色彩来表达个体内在情感。然而，在政治原则制约艺术体验，以阶级斗争为纲的社会氛围中，阶级对立是超越个人情感的，用阶级对立来衡量的艺术，任何不符合无产阶级利益的个性化设计，都会被遏制。当设计师个人的艺术体验与时代精神相一致时，也能激起设计师的灵感，设计出代表时代精神的作品，如“文化大革命”期间偶尔出现的能引起艺术情感共鸣的政治性装饰设计。但是，艺术的创造是需要丰富多彩的社会生活作为基础的，设计的美的感受来自多样的题材、形式、风格，而社会政治概念所限定的语言、风格和样式范围必然是对设计的创造性的压抑。随着政治的升温，一些错误设计观念在“文化大革命”中得到了恶性膨胀。

相对于专业美术设计者，政治风尚在普通的劳动者中来得更为直接和热烈。各种群众性的社会政治运动，深入他们生活的各个领域，反复地强化人们的记忆，红色图解的美术宣传品在人们的生活中扮演着重要的角色，人们不仅在宣传的表层形式上耳濡目染了政治的风尚，而且经历了穿越灵魂的扭曲的、荒诞的政治“时尚”。



在此期间，工业生活用品的设计和包装设计已经越来越受到人们的重视，尤其是相关设计师，也是持有批判想法。有人指出，不少实用工业品，不仅形式陈旧而且脱离产品本身的作用和特点。例如玻璃杯涂满了花花绿绿的花纹，把透明晶莹的特色给掩没了。还有些外销商品，虽然产品质量很好，但包装图案和色彩常常不够大方美观。还有不少实用工业品在设计上往往离开实际的用途和器形的特点，而一味追求烦琐的装饰和力求“写实”的花样，盲目追求多套色，片面地以为颜色越多越刺眼就越美，使人眼花缭乱，看了烦躁不安，既不实用、经济，也达不到美观大方，甚至造成相反的效果。[1]

表 3.2.1[2] 所示的是 20 世纪 60 年代上海地区为了提高艺术设计水平而举行的各种实用美术展览。通过表格的罗列和展示，不难看出，包装设计在展览中所占比例相当可观。这一时期上海的各种实用美术展览的交流，不断地推

1. 犁霜 . 上海分会讨论实用美术设计问题［J］. 美术，1963（1）.

2. 资料来源:《新民晚报》《文汇报》《二十世纪上海美术年表》。说明：不含国外来沪的美术设计展览和传统工艺美术展览。注：前期以上海美术设计公司为中心，中后期开始以上海轻工业局为中心。

表 3.2.1　上海地区实用美术设计展（1961—1966）

| 举办时间 | 展览名称 | 主办单位 | 展品类型、数量和主要作品 |
| --- | --- | --- | --- |
| 1961 年 6 月 | 装潢美术作品观摩会 | 上海美协（对外不公开）、上海美术设计公司 | 商品包装、商标设计、商品宣传卡、招贴及其他装潢设计共 200 余件。展品包括张雪父的“红茶听”和“绿茶听”包装，陈琪芸的“农林牧副渔”火柴盒贴，袁维青、马永恒的“牧羊”牌纺织品商标，倪长明、汤裕康的“井冈山轿车”招贴、杨见龙的“中国颜料”招贴、徐行的“光明牌油漆”招贴等 |
| 1961 年 12 月 | 上海实用美术作品展 | 上海美协 | 以工业品美术设计为主要内容，分为宣传品设计、包装设计、器皿造型和染织图案设计三个部分，设计作品 600 余件。展品包括蔡振华的“中国建设杂志招贴”，徐昌酩的“粮油进出口公司月历封面”，张雪父的“中国丝绸招贴”，王纯言的“大白兔”奶糖包装，上海美术设计公司的唱片封套，周剑芬、钱鹏飞、陈庆娜的花布图案 |
| 1962 年 12 月 | 火柴盒贴艺术展 | 上海市文化局、上海美协 | 展出 19 个国家 1 500 余件“火花”设计作品 |
| 1963 年 4 月 | 1963 年度成绩观摩会 | 上海美术设计公司 | 作品近 700 件，有布置设计图稿、科普挂图、电车站牌设计模型、唱片封套、室内装饰图样、工商美术、宣传画等 |
| 1963 年 4 月 | 上海日用品美术设计展 | 上海美协 | 丝绸、毛麻、针织等设计实物与图稿 630 件，玻璃、搪瓷、钟表、热水瓶、塑料制品、食品、化妆品、日用品、纸品等设计图稿和实物 700 余件 |
| 1963 年 10 月 | 1963 年上海日用品美术设计展 | 上海市文化局、轻工业局、纺织局、上海美协 | 日用品的设计图样和生产的实物，包括塑料、陶瓷、玻璃、水瓶等 4 个项目的造型设计图 120 件，实物 153 件。展品包括张雪父和钱震之的几何图案热水瓶，蔡振华的塑料文件包，陈方千的搪瓷茶具，施福国的半导体收音机，任意的玻璃茶具 |
| 1964 年 6 月 | 上海日用品美术设计展览会 | 上海美协 | 15 年来日用品的优秀设计 1 000 多件。展品包括翁方平的“蕉叶彩蝶”面盆，毛文卿的印花铅笔纹样，时钟设计以及印花丝绒、窑玻璃、大切块花瓶等一批结合创新工艺的设计作品 |
| 1966 年 1 月 | 第四届上海实用美术展 | 上海市文化局、轻工业局、手工业局、上海美协 | 日用品造型、包装设计及商品宣传设计共 640 余件。展品包括农村用矮胖型热水瓶，塑料女鞋、雨衣、医药箱等，家具、缝纫机、收音机造型设计，中国民航招贴、拖拉机招贴、中国绸缎样本等 |

进上海包装设计的发展，奠定了以后包装设计在全国的地位。

## 二、上海包装的国际化和本土化

长期以来，国际上对中国出口的产品评价是“一等产品，二等包装，三等价格”。美加净牙膏是20世纪60年代国内为数不多的出口拳头产品，不仅是当时屈指可数的有外文商标的品牌，还有着既具东方色彩又具西方简约风格的包装设计。它的设计师顾世朋是我国第一代设计师，以美加净为代表的一系列国产家化产品包装都是他的设计作品。创立于20世纪60年代的美加净伴随着中国人走过了半个世纪的沉浮。美加净的包装设计不仅是中国人心中共同的记忆，也为中国轻工业产品出口打开了销路。由此，中国人开始意识到产品包装设计的重要性，而美加净也成为我国为数不多的通过包装设计重塑产品和品牌形象的成功案例。



1. 图片来源：顾传熙提供。

顾世朋于1925年出生在上海安亭的书香世家，中学毕业后开始在新亚药厂做橱窗和广告设计，1938年到上海新一化工厂进行四合一牌日化用品的广告设计（图3.2.1[1]）。1957年调入上海日用化学工业公司美术设计组工作。20世纪60年代，上海日化食品公司成立，因此有机会接触大量的日化产品和食品的品牌与包装设计。为了促进设计的提升，公司给他配了两名助手，并破例让他带领四位供销科长。

“美加净”诞生于20世纪60年代，这一时期轻工业产品是我国赚取外汇的重要来源。牙膏作为我国出口的日用品之一，常常因为包装粗糙、印刷质量差、色彩不鲜艳等问题，频频遭到退货和索赔。面对国际市场的需求，人们开始意识到产品包装设计的重要性。顾世朋于1957年调入上海日用化学工业公司美术设计组工作。当时的设计师往往需要同时兼顾品牌命名、包装设计、广告和橱窗设计等全方位的设计任务。顾世朋被要求在短时间内为上海日化的牙膏设计新的商标及包装。有一天他路过中苏友好大厦（现为上海展览中心）时，受到了雪白纯净的玉兰花启发，象征白玉兰美丽洁净的“美净”两个字突然闪入脑海。在征求多方意见之后，最终决定在“美净”中间加了一个“加”字，于是“美加净”就诞生了（图3.2.2[1]）。



当时考虑到一个品牌要在国际市场上站稳脚跟，仅有中文是不够的，顾世朋为“美加净”取了一个便于辨认和流传的英文商标“MAXAM”。“MAXAM”无论从左往右看还是

1. 图片来源：顾传熙提供。

图3.2.1　20世纪60年代顾世朋为四合一设计的包装图手稿

从右往左看，字母排序都一样，发音也相同，这个词在英语中和意为“最大”“最好”的单词“Maximum”谐音，既兼顾了西方的语言习惯，又符合中国传统中喜爱的对称形式，于形、于义、于声都明快简洁，且易于传播。为了使字母排列在视觉上有平衡的效果，同一粗细的字母上部都设计成尖角，“M”两边的直线同“A”两侧一样倾斜，中间的“X”适当降低以取得整体的平衡，兼顾中国对称平衡和西方简约现代（图 3.2.3[1]）。

“美加净”的新包装设计只用了红色与白色，既符合国际上现代简洁的设计风格，又和中国传统俗语“唇红齿白”相呼应，塑造了“美加净”牙膏的全新形象。在物质相对贫乏的年代，包装清新大气的美加净显得格外亮丽。20 世纪六七十年代，年轻人结婚时总会将两支红色的大号美加净牙膏放在梳妆台上，以求喜庆。新包装的“美加净”一经推出就受到国际市场的欢迎，作为轻工部的拳头产品远销加拿大、美国、新加坡等 40 多个



1. 图片来源：顾传熙提供。

图 3.2.2　20 世纪 60 年代美加净牙膏和面霜包装

国家和地区，并先后在世界 19 个国家和地区进行商标注册，成为当时中国出口注册国家和地区最多的一个品牌。

“美加净”的设计受到了国内外业内人士的一致好评。在上海包装技术协会成立大会上，中央工艺美术学院张仃院长评价“美加净”牙膏包装设计“仅用一个颜色，字体突出风格简洁、艺术性强，是科学与艺术的和谐统一”。1993 年美国设计师协会主席亨利 · 斯坦恩（Henry Steiner）到上海访问，特别要求会见“美加净”的包装设计师。



顾世朋为上海日化公司从事了多年的“美加净”系列产品设计，把“美加净”的产品线做完整是他的心愿。除了牙膏外，他继续设计了头蜡、发乳、香水、美容霜、定型摩丝等产品的包装，逐步形成庞大的“美加净”产品家族。这些产品相继进入国际市场，为上海轻工化妆品在我国出口史上创造了数个第一。

为了将产品推向国际市场，顾世朋十分关注国际包装业的发展动向和国际市场对包装的要求。我国有过不少外销发

图 3.2.3　20 世纪 60 年代美加净英文“MAXAM”对称图

乳产品，但都因为质量问题和包装问题未能在国际市场上获得成功。经调查研究后他得出结论：产品的包装容器、造型的设计必须适应国外消费者使用的习惯，要便于携带，瓶口、瓶身的高度必须让木梳可以直入到瓶底，尤其要考虑到西方消费者“防盗盖”的习惯。这种瓶盖上应有一道经过剖线后的轧口，使用时要用手拧断剖线才可以开启瓶盖。这种设计在当时国内生产工艺印刷上有一定的难度，经无数次反复试验，才确立铝材与印刷质量标准和操作工艺。“防盗盖”的应用，使美加净发乳身价倍增，不仅成为当年日化公司的拳头出口产品，并成为化妆品行业第一个出口免检产品。出口数量从当初的每年几十打递增到几十万打（图 3.2.4[1]）。



作为一位在企业一线工作的设计师，顾世朋也很注重包装技术研发和设计创新。他和工程师们创造了许多个包装设计的中国的第一，如第一个使用 pv 透明塑料包装瓶（蜂

1. 图片来源：顾传熙提供。

图 3.2.4　20 世纪 60 年代美加净发乳

花洗发水），随后塑料包装开始广泛使用（图 3.2.5[1]）。第一个在包装上使用金属防盗瓶盖（美加净发乳），第一个舌头袋的洗衣粉包装（白猫洗衣粉），第一个复合材料用于发乳（美加净），等等。顾世朋也是第一位将电化铝工艺用于包装上的烫金的设计师。中国以前出口产品包装上的烫金都是采用的真金，为此国家花费颇多，每次使用都需申请。顾世朋带领技术人员攻克了氧化铝镀金技术，为国家节省了大量的资源。这些带有创新技术的产品都是我国包装史上的经典设计，而设计师也和工程师们结下了深厚感情。

上海是我国国产化妆品和家化产品品牌的发源地之一。1843 年开埠以后，经过半个多世纪的发展，上海已经是

图 3.2.5　20 世纪 70 年代简化字糕点糖果塑料包装

1. 图片来源：笔者收藏。

一座有着“东方巴黎”之称的时尚之都。东西方文化在这个开放而又年轻的城市里充分撞击，互相融合。欧美的化妆品、电影、明星的打扮，各种时髦洋货和时尚信息第一时间在上海流传开来。1898 年，“双妹”诞生于上海，成为当时中国国产化妆品的代表品牌。20 世纪早期，上海的化妆品和日化产品的包装与广告设计也十分发达。在这些广告和包装中，可以感受到上海这座城市里强烈的中西交融、时尚摩登的气息。

顾世朋师承民国时期的画家和设计师，设计生涯开始于新中国成立之前。他不仅是新中国第一代设计师，也是中国设计领域承前启后的关键人物，上海解放后最早一代的设计师就是从他那里开始的。顾世朋除了在企业中的设计工作外，还承担了大量的带教工作，比如石库门酒包装、和酒包装设计者赵佐良先生大学毕业后，被分配到顾世朋处作为他的徒弟工作和学习。顾世朋还和多所设计院校保持着良好的关系，多次到上海轻专等学校讲课，为培养新一代的设计师倾注了大量的精力。此外，他和曾任上海美术设计公司装潢美术室主任的张雪夫、担任北京人民大会堂上海厅与西大厅美术总体设计的蔡振华、上海广告设计界知名人物赵锡奎也是非常好的朋友，他们四人常在一起探讨设计的事情，成就了中国广告业的一段佳话。



## 三、困难问题的应对

1965 年，上海包装设计工作是在贯彻中央关于加强外贸工作的指示和全国财贸政治工作会议、第四届外贸包装工作会议精神和上海外贸各企业深入开展社会主义教育运动的有利形势下进行的。1965 年上海口岸收购出口任务有较大幅度的增长，相对地包装材料出现了 1962 年以来供需平衡比较紧张的局面。在市委和外贸部的正确领导与局党委的具体关怀及有关单位的大力支持下，由于突出了政治，加强了政治思想工作，着重学习了《矛盾论》《纪念白求恩》《为人民服务》《愚公移山》等著作，全体干部的阶级觉悟、思想认识有所提高，精神面貌有所改变，工作责任心不断加强，革命热情日益高涨。在具体工作上，一方面加强向领导汇报，争取及时增拨材料，同时计划外组织加工、收购，以解决资源的缺口，保证出口包装需要；另一方面加强包装材料的计划管理，核实主要包装材料的耗用定额，组织纸箱专厂生产，以堵塞漏洞，减少浪费，通过挖掘潜力、补缺口，终于克服了困难，保证了材料供应，完成了做好后勤工作为出口服务的任务。全年供应的主要包装材料有木材 102 997 立方米（材积），纸张 33 370 吨，金属材料 6 259 吨，麻布 306 万公尺。在做好材料工作的同时，积极开展了以合理使用包装材料为中心的改进包装工作。[1] 通过测定一批原用纸箱的质量，调整用料，推广使用新型胶合板箱，节约材料，举办了内外包装装潢改进座谈会，揭露问题，总结经验。进行了工艺品公司 20 余个商品在浙江和江苏两省就地包装、一次出口的试点工作等。1965 年包装改进不仅在一定程度上显示出我国工业技术水平的日益提高，出口商品包装面貌的不断改变，某些商品的包装设计已经赶上国际水平赢得国外客户的好评，而且根据初步不完全统计在经济上为国家增加外汇收入和减少外汇支出共计 87.6 万美元。其中提高商品售价增加收入 26.6 万美元，缩小体积减少外汇运费支出 44.0 万美元，节约进口包装材料 17 万美元，节约包装费用 438.6 万元，节约木材 24.801 立方米。



1. 上海市对外贸易局关于二年来新型包装材料工作及 1965 年出口商品包装装潢工作总结［R］. 上海市档案馆 .B170-2-1590.

## 第三节　思想转变时期的低潮与复苏（1966—1978）

“文化大革命”时期（1966—1976）是中国历史上的一个非常时期。“文化大革命”期间上海整体的工业生产与全国一样出现过下滑甚至停滞，但在党中央“抓革命，促生产”和“把国民经济搞上去”的方针指引下[1]，总的来看经济建设并没有放松[2]。党和国家在“文化大革命”前制定的经济建设方针政策、发展规划和目标并没有改变，第三、第四个“五年计划”也照常进行和实施。不可否认的是“文化大革命”期间中国取得了一些科学技术和基础建设的成就，总体上较新中国成立初期国民经济有所发展。



20 世纪 60 年代，国际上贸易运输方式、市场销售方式和消费者生活方式发生了很大的变化，超级市场在西方国家悄然兴起，商品的包装由原来的保护商品、方便储运、美化商品的功能转向依靠包装推销商品的“无声销售员”角色，包装设计成为市场竞争的重要手段。但我国由于政治因素，包装机构被“砍掉”，基本无人管理包装设计工作。许多已经改进并取得较好效果的出口包装，又走了回头路，致使商品的破碎损失增多。包装设计更是无人关注，如瓷器，1966 年前破损率下降到 3% 以下，以后又回升为 7%，有的甚至高达 30%[3]。众多出口商品由于包装破损导致不能按期交货，或装潢陈旧不受欢迎，贸易亏损重大[4]。

### 一、品牌数量的缩减

在商业流通倍受抑制的同时，国内企业产品的品牌数量也

1. 抓革命，促生产［N］. 人民日报，1965-09-30（1）.

2. 十一届三中全会决议《中国共产党中央委员会关于建国以来党的若干历史问题的决议》，1981.06. 中央政治局书记处，第七点第五小点、第八点、第二十三点 .

3. 白颖 . 中国包装史略［M］. 北京：新华出版社，1987：193.

4. 韩虞梅，韩笑 . 新中国包装事业发展 60 年回顾［J］. 包装工程，2009（10）.

开始缩减，特别是到了“文化大革命”期间这种趋势更为明显。比如 1969 年上海比较知名的花露水品牌有三个，即“上海”牌、“绿叶”牌、“红妹”牌，并且产品的香型各异，有 15 个规格品种。但是后来有人对此提出异议，认为花露水的配方都类似，并且都是祛痱止痒的效果，无须分过多品牌和类型。随后不久，花露水的品牌就缩减至只有一个“上海”牌，而规格香型也仅剩两种。[1] 这与当代同类商品品牌繁多、产品类型多样化的趋势形成了鲜明的对比。可见，当时大多数企业生产的目的只为满足“计划”，并且对民众的需求和亟需丰富的产品类型缺乏关注，而且国家统购包销的营销模式和相对匮乏的产品物资，让产品不愁销路。



当时企业基本都是国营性质，且在商品市场上无须面对竞争的压力，这样久而久之就养成了惰性，令企业逐渐丧失了活力和生产的积极性，严重阻碍了企业发展。既然没有了市场竞争，产品销售又有“计划”的保证，与产品相关的设计工作的重要性便很明显地下降了，包装设计也不例外。这种种现象的根源则主要来自计划经济体制的实施。科尔奈（János Kornai）在其著作《社会主义体制》中所说的那样，计划经济体制的目的就是要通过计划性的手段来达到最优的资源配置，克服无谓的浪费和竞争，其中包括诸如日益增长的巨额广告开销，持续不断地调整产品种类和生产方式等“多余”职能[2]。虽然不能武断地对计划经济体制进行全盘否定，但物极必反，在当时极端的经济制度和思想观念制约下，国内包装设计的发展可以说是被迫停滞，直到改革开放后才恢复发展。

以上这两方面的变化，无不对上海包装设计起到至关重要

1. 关于内销日用工业品品种问题的检查报告［R］. 上海：上海档案馆 .B246-1-324-74.

2. 雅诺什 · 科尔奈 . 社会主义体制：共产主义政治经济学［M］. 张安，译 . 北京：中央编译出版社，2007：47.

的影响。包装业的发展并非逐渐消沉，而是转向其他方向发展。

## 二、革命激情影响下的包装设计

“文化大革命”时期中国社会的文化、艺术、审美情趣，都普遍受到经济、政治因素影响。由于特殊的政治需要，以宣传和表现广大工农兵生产生活为题材的宣传画成为主要的宣传工具。“文化大革命”时期的宣传画发展到了一个极端的地步，其表现题材、内容和形式与 20 世纪五六十年代相比，表现出了极端的“公式化”“样板画”特征，与此同时，各种形式、版本的毛泽东语录的小册子成为“文化大革命”期间人们必备的红宝书，而且也深刻影响了商品包装设计，使包装也成为政治宣传的工具。“文化大革命”时期的内销包装图形的主要题材：初期以红卫兵美术为主，后期以宣传、鼓励广大知识青年“上山下乡”、备战、备荒、保卫祖国、打击国民党反动派和帝国主义为主要表现，抓革命、促生产，工业学大庆等充满革命激情的生产生活情景，辅以毛主席语录等革命性标语或太阳、镰刀、斧头等象征性图案，其设计手法以写实为主，色彩以红色为主色调，文字多用手写体和楷体。



“文化大革命”期间政治的风尚，导致了“红色”图案设计的美学“样板”：设计者必须从既定的政治路线和方针出发，而不是从设计者个人具体的艺术感受出发进行设计；必须严格遵循“样板”的“红、光、亮”和“三突出”的原则，设计的题材只能是表现工农兵生活或党的政治方针的诠释；在设计技法上只能向民间图案和中国传统图案吸取营养；在设计风格上只能用强对比、高纯度的鲜亮的画面来抒发豪情，“画出我们时代最新最美的图画”。

“样板”一词是工艺上的名词，本是指成批的机械产品照样加工的底本。“文化大革命”期间“样板戏”的“革命文艺”经验的总结成为艺术创作的政治“标尺”。这种创作原则要求图案设计从主观的先验出发，把生动多样的艺术关系纳入“高、大、全”“红、光、亮”的模式中，造成了图案设计的公式化、模式化的状况。

被政治风尚把持着的群众性政治活动中的图案设计在这一时期也都遵循着“红色”图案设计的美学“样板”，大量作品流于概念化，设计的方法就是政治的信念。“忠”字图案美术的主题单一突出：崇拜领袖，表达赤胆忠心。结合主题的各种形式母题也被相继确认，并迅速而广泛地传播开来。如“葵花向阳”“大海航行靠舵手”，以及各种革命图像。其中，“葵花”“太阳纹”和“波浪纹”图样应用最广，人们把领袖比作“红太阳”，把向日葵的生物特性喻为人们要像葵花跟着太阳转那样，随时向着“红太阳”。在当时，包装设计作为宣传的一种媒介，也深受这种表达影响（图 3.3.1）。



## 三、社会主义建设的热情与包装设计

中国受到世界商品经济发展的冲击，并且由于长期受到西方的经济封锁，造成中国外汇短缺的局面，此时出口创汇是中国的经济任务更是政治使命。1966 年 2 月，中共中央决定增加对资本主义国家的出口。1966 年 9 月，北京市人民委员会抄转的《国务院财贸办公室、文教办公室、国家经济委员会关于商标、图案和商品造型改革问题的通知》中对于出口商品提出：“应当认真执行中共中央和国务院 7 月 22 日《关于工业交通企业和基本建设单位如何开展“文化大革命”运动的补充通知》规定的精神，即：‘出口商品，除了有明显的反动政治内容的，必须立即改变，目前一般不要变动；以后再改革，也要充分考虑到国外市场的需要。对改革以后的新商品，外贸部门要积极采取措施，向外推销，打开国外销路’。”[1]

新中国成立后至“文化大革命”时期，我国面临着十分严峻的国际环境，在经济建设的同时要抓紧备战，工业发展采取以内地“三线”建设为重点方针，20 世纪 60 年代中期到 70 年代末期，中国建立了攀枝花钢铁基地、六盘水工业基地、酒泉和西昌航天中心等一大批钢铁、有色金属、机械制造、飞机、汽车等新的工业基地，国家基础工业和国防状况有所改变，煤炭、石油、钢铁、电力、水泥为主的能源、原材料建设等基础性工业发展较快。“文化大革命”时期整体经济建设比新中国成立初期有所发展，



1. 薛扬 . 芬芳如花：黄菊芬绘画研究［M］. 南宁：广西美术出版社，2014：44—45.

2. 图片来源：笔者收藏。

图 3.3.1　20 世纪六七十年代运用同一种主题的不同包装[2]

基础工业的发展推动了城乡建设，这一时期上海商品包装图像上出现了大量标志性的建筑或者城乡建设场景，具有浓郁的时代气息，也有轮船、齿轮、航海等积极向上的符号（图 3.3.2[1]）。

1968 年，外贸部拨出一定资金，引进国外先进技术设备和优质材料，在类似上海这种沿海发达城市建立外贸出口商品包装制品的生产企业。20 世纪 60 年代末国民经济得以逐渐稳定恢复，工业生产获得发展，包装业也得到了相应的恢复和发展。为了扭转贸易逆差，外贸部拨出一定资金，引进国外先进技术设备和优质材料，同时在工业生产条件逐步发展的基础上，上海的外贸部门开始重视包装结构和材料的改进，并尽量利用新材料和新工艺设计制作出口商品包装。除了商品包装结构的改变外，商品包装材料也在创新，为适应国际市场的发展需要，在不断地开展对外贸易过程中，对出口商品进行跟踪调研，这都对改进商品包装视觉平面设计有指引作用；加上引领全国的先进设计，有利于在当时封闭环境中进行有限的及时交流，上海



1. 图片来源：https://pic17.997788.com/pic_search/00/46/74/13/se46741357.jpg.

图 3.3.2　20 世纪六七十年代 10 号订书钉包装

商品包装设计在对外贸易中不断地提升和改进，也促进了国内市场的商品包装设计。商品种类日益繁多，除去传统产业商品包装的更新发展，纸塑软包装、塑料包装、金属包装等新式材料开始出现在日常商品包装材料上。

与 20 世纪 60 年代出口商品包装大多采用木材等天然材料相比，20 世纪 70 年代趋向于纸张、塑料等化学合成材料，纸张、塑料品种有所变化，同时，印刷工艺水平也有所提高，低档货减少，更适合保护商品质量的高档材料在增加。包装结构、材料的变化是衡量包装水平的标志之一。包装结构和材料的改进大大地提升了上海对外贸易上的优势，让更多的商品走出了国门。



“文化大革命”时期，上海乃至全国包装设计的总体特点大概是以高度集中的政治体制形式而存在，整个社会在红色背景之下发展，上海在中国共产党的领导下在进行社会主义建设中曲折前进。食品包装设计也深深地留下了政治的印记。直到“70 年代，特别是 1972 年美国总统尼克松访华以后，随着对外贸易工作再度受到重视，设计管理的混乱状况得以有一定程度的改善。1973 年，国务院 46 号文件颁布，轻工业部建立了工艺美术公司，各省、市、自治区都相继建立和健全了工艺美术管理机构（公司、处、科），工艺美术重点产区的省辖市、地区和县也都建立了公司，并且直接经营一部分供销业务”。[1]

1. 上海市文化局关于一年来上海美术工作的报告［R］. 上海：上海档案馆，1952.B172-1-74-46.

上海包装设计工作不仅遭到严重的摧残，而且在“破四旧，立四新”的口号下，凡是包装设计的商标、图案、造型、装饰等带有帝王将相、才子佳人色彩的图案及传统的福、禄、寿、喜、龙、凤、龟、麒麟图案，一律被视为“四旧”，甚至一些很优美的民间传说故事，如“天女散花”“嫦娥奔月”等都被说成是“封建”的产物，严令禁止生产、销售。当时上海制药七厂正在开发的铝塑泡罩包装、双铝复合包装，被扣上“崇洋媚外”的帽子而中止了研究。天津“红旗”牌鞋油，不知何故，设计人员被打成“反革命”，其理由是：鞋油是黑的，包装设计却采用了“红旗”的图案，被诬陷是“打着红旗卖黑货”。这些都使刚要兴起的包装设计业受到严重的打击，无法发展。

世界商品经济发展的新形势引起了国家领导人的重视，周恩来总理在 1971 年 8 月 25 日的外贸部工作报告上批示：“做好包装工作”[1]。1971 年 10 月 14 日，李先念副总理在外贸人员座谈会上指出“包装问题要研究要多调查研究，适应国际市场，除了货源外，商标、包装、花包、品种、质量都要调查研究”。1973 年，陈云同志指出：“改进包装问题，有政治和经济两方面的意义。政治上要强调促进国内生产，提高产品质量，可以提高国际声誉；经济上花很少成本（原料加工费），可以挽回很大数量的外汇，所以经济上也有很大意义……”[2]

1972 年 3 月，在上海召开了全国商品包装装潢工作会议，同时举办了改进出口商品包装装潢的对比展览，并陈列进口样品，开拓了国内设计师的视野[3]。同年 7 月，国务院批准了外贸部关于全国出口商品包装装潢工作会议的报告，并指出，出口商品包装装潢是外贸工作的一个重要方面，要尽快适应外贸发展和国际市场的要求，进一步促进对外贸易的发展。

为了使外贸商品能在国际市场占据份额，各大进出口贸易



1. 李先念副总理接见交易会同志时的谈话［R］. 广州：广东省档案馆，1972.10.324-2-114.

2. 陆江 . 中国包装发展四十年（1949—1989）［M］. 北京：中国物资出版社，1991：561.

3. 谢琪 . 湖南当代包装设计发展回顾［J］. 湖南包装，2012（4）.

公司都针对不同的国际市场的消费心理需求，在包装设计上下了一番苦心，尽管有人提出反对，说对外贸易是“崇洋媚外”，但国家领导坚定地指出对外贸易对国内经济发展有好处。1975 年 8 月 18 日，邓小平在《关于发展工业的几点意见》的批示中指出：“科研的课题很多，不说别的，光是出口商品的包装问题，我看就要好好研究一下。”[1] 自此，中央到地方的各级政府和相关部门越来越重视包装设计工作，全国各地的 24 个分公司相继成立，还有 2 个全国性的和 4 个地方性的其他包装机构，并且不断地发展和扩大，积极开展各项工作。同时，工业生产的恢复也促进了各种包装材料的发展，各种新型的包装材料相继出现，包装业的发展呈现出一派生机。[2]



1976 年，有关部门加强对包装设计的管理力度，组建了 7 所包装研究所，先后组团去欧美 10 多个国家参观学习。外贸包装设计成了发展我国现代包装设计的先行者，并带动了其他行业的包装设计发展。同时，商业、粮农、百货、运输等抓包装设计较早的部门也都加强了包装设计管理，召开了一系列会议，进行了许多重要的包装改进，从以前单纯讲究坚固耐用的运输包装进步到重视美观增值的销售包装。全国各地自发或半官方地多次进行了包装设计展评和交流。整个 20 世纪 70 年代，到处呈现着中国包装即将全面兴起的勃勃生机。[3]

## 四、“文化大革命”及以后上海出口商品包装设计

“文化大革命”初期，我国对外贸易受到极左思想的影响，工艺美术出口和商品包装被定义为“为资本主义服务”，一度受到严重封锁[4]。因此出口商品的重心集中在工业材

1. 白颖 . 中国包装史略［M］. 北京：新华出版社，1987：8.

2. 陆江 . 中国包装发展四十年（1949—1989）［M］. 北京：中国物资出版社，1991：15—16.

3. 章文 . 艰辛创业的五十年　辉煌发展的五十年［J］. 包装世界，1999（6）.

4. 欧阳湘 . 文革动乱和极左路线对广交会的干扰与破坏：兼论文革时期国民经济状况的评价问题［J］. 红广角，2013（4）.

料和大型器械上，还有少部分轻工业商品出口。由于当时我国工业现代化水平的制约，我国轻工产品出口在国际市场上缺乏竞争力，对外贸易出口形势极为严峻[1]。特别是出口日用品、食品等商品包装结构、材料跟不上运输需求，破损率大增，商品包装样式落后、装潢设计陈旧、政治色彩浓厚，跟不上国际市场需求等，影响到顾客购买商品的兴趣，影响了商品的销路，产生贸易逆差。

1973 年之后，周恩来和陈云等在外贸工作会议中，指示对外贸易出口要有针对性改进。指示表明对外出口贸易的商品包装应是“中性包装”，不应带有政治色彩。[2] 基于中央重视出口商品包装设计这一有利时机，上海的出口商品包装设计积极改进包装材料和结构，在运用中国传统风格的基础上吸收借鉴国外现代设计思想，呈现出积极的面貌。基于“文化大革命”后期国家重视出口的政治导向和上海独特的历史地理条件，上海政府与各部门高度重视对外贸易出口包装的设计，将中央指示作为政治任务在轻工产品生产部门下达文件，给“文化大革命”时期上海商品包装设计带来新的生机。至“文化大革命”结束，上海出口商品包装的材料样式逐步丰富，设计图样由“文化大革命”初期的政治主题图样逐渐转变为后期面向不同消费者的多题材图样，设计风格多样化发展。这些新颖的出口包装材料、结构、图样，给改革开放时期的包装设计提供了参考借鉴，也为上海的包装设计开启了新的大门。

新中国成立至“文化大革命”时期的艺术形式（包括包装设计）所蕴含的革命激情，以及革命激情簇拥下的图像表达，体现了不同于以往任何历史时期的独特特征，在西方主导当代艺术的整体形势下，向世界展现了中国当代



1. 胡建华 . 周恩来与文革中的外贸工作［J］. 纵横，1998（8）.

2. 孟红 . 中国第一展广交会的沧桑巨变［J］. 文史春秋，2010（2）.

艺术一个鲜明而独特的视觉符号。“文化大革命”后期上海对外贸易商品包装设计遵循毛泽东主席提出来的“古为今用，洋为中用，推陈出新”的方针，积极进行创新改造 。在设计风格上贴近国际，图形设计则取材于中国传统文化。从任美君提供的设计作品可以看到一些典型的出口商业美术的案例，人物以卷发的外国形象为主，服饰表达进行适当的夸张处理，从而迎合国际市场的审美（图3.3.3[1]）。

“文化大革命”结束后，特别是中国共产党十一届三中全会以来，上海的轻工产品造型与包装设计工作呈现出一片兴旺的局面。1977—1990 年，上海轻工新产品、新品种、新花色、新包装平均每年达 2 000 种左右，产品更新率 1980 年占工业总产值的 6%，1990 年占 20%。分 21 个大



1. 图片来源：任美君提供。

图 3.3.3　20 世纪 70 年代上海出口商品杂志广告，作者：任美君

类，48 个中类，85 个小类，形成丰富齐全的轻工产品门类。老三件（手表、自行车、缝纫机）开发系列规格，化妆品系列成套，文具、玻搪、不锈钢、耐热微晶制品造型新颖。由此可以看出，上海的包装设计工作有了突破性的发展，过去只是出口商品需要包装装潢，而现在，国内城乡市场繁荣，购销两旺，而且有越来越多的名优产品进入国际市场，所有这些都给包装设计工作带来新的生机。包装设计作为一种传播信息的手段，辅助商品交换流通的重要作用也越来越显示出来。随着时代的推移，上海的包装设计无论从哪个角度讲，都已进入新的阶段。其主要特征是：包装设计水平迅速提高，包装设计完全渗透到商品领域之中。



“文化大革命”以后，经过拨乱反正，不仅“文化大革命”期间撤、并、转的设计机构相继恢复，而且建立了许多新的设计机构。包装设计单位迅速增多，设计人员大幅度增长，初步培养了一支具备一定水平的包装设计队伍。根据统计，此时上海有 4 家全国性包装设计研究机构。具有一定设计水平，能承担一定设计难度的包装专业设计单位已超过 20 家，专兼职设计人员已突破 2 万人，初步形成了多系统、多层次，多种所有制的包装设计网络。

上海医药保健品进出口公司的人员在香港时看见市场上有一种日本产的“珍珠皇后”，10 美元一瓶，卖得很好。他们不禁想，如果我们也能生产同类产品，对于工厂来说是开拓了一个新的方向。这时，江阴市一家专注于珍珠综合利用的研究所也联系上了上海日化二厂的业务人员，想与其合作。双方一拍即合，开始生产珍珠护肤品。日化二厂的设计师赵佐良等人被指定负责珍珠护肤品的包装设计。赵佐良，毕业于上海轻工业学校造型美术专业，1964 年设计的留兰香牙膏包装非常成功，是日化二厂的设计骨干。

通过日化二厂工程师董大可的人脉，日化二厂很快获得了销售商与供应商双方的信息，真是“天时地利人和”。董大可便立即动手投入珍珠新产品的配方试制。配制之初，首先是搜集了珍珠养颜的理论依据,《本草纲目》中详细记载了珍珠效用的有关内容；其次是珍珠内含营养成分的事实数据，正好江阴的研究所提供了珍珠含有大量营养物质氨基酸的数据。经过反复试验，董大可工程师终于成功地把珍珠粉加入护肤霜的膏体之中，完成了中国第一代珍珠营养护肤品的配方研究。



在成功完成了珍珠霜配方方面的试制后，日化二厂便开始着手讨论产品名称及确定外包装的设计工作，由于该产品是由上海医药保健品进出口公司提出开发，因此就借用医保外贸的出口牌子“上药牌”产品名称定为“珍珠膏”。按照当时的政策，产品内、外销完全分开，上海医药保健品进出口公司方面便规定“上药牌”珍珠膏专供出口，不内销。设计师赵佐良面对一个全新的首创产品，思考如何在包装设计上突破创新。在翻阅了大量国外化妆品设计资料后，赵佐良发现优秀的产品设计在包装整体比例上非常讲究，从中获得了灵感并加以借鉴，首先从瓶型设计进行突破，大胆提出打破以往膏霜类瓶型盖低瓶身高的比例，设计了一个高盖型的瓶子，色彩处理为黑盖白瓶，黑色占据了瓶体的三分之二。除了包装设计有所创新之外，据赵佐良的回忆，当时售卖珍珠膏的促销台的设计从包装盒的设计寻找灵感，整体销售台的设计加上产品的摆放非常统一，品牌化的输出非常成功（图 3.3.4[1]）。

1. 图片来源：赵佐良提供。

“上药牌”珍珠膏包装的内、外部设计完成以后，得到外贸公司及香港利星药行的首肯，决定代理销售并进行产品推广，他们为“上药牌”珍珠膏制作广告、印宣传单页，请来香港小姐张玛丽担任形象代言人。在商场把“上药牌”珍珠膏的包装盒放大变成促销台，由张玛丽直接面对消费者进行产品介绍。每瓶珍珠膏定价 65 元港币，这在当时国货化妆品售价中算是比较高的价格。“上药牌”珍珠膏创造了国产化妆品外汇盈利零的突破。“上药牌”珍珠膏在香港打开市场后，陆续在东南亚华人市场也开始销售。销售商做了中国风格的广告宣传。报纸广告则引用了一句话“从您奶奶时代起就知道珍珠美容的秘方”，以此吸引更多年轻女性购买“上药牌”珍珠膏（图 3.3.5[1]）。

这股珍珠美容的热潮迅速传播开来，涉外的友谊商店纷纷来要货，工厂就专门生产供应涉外机构的“上药牌”珍珠

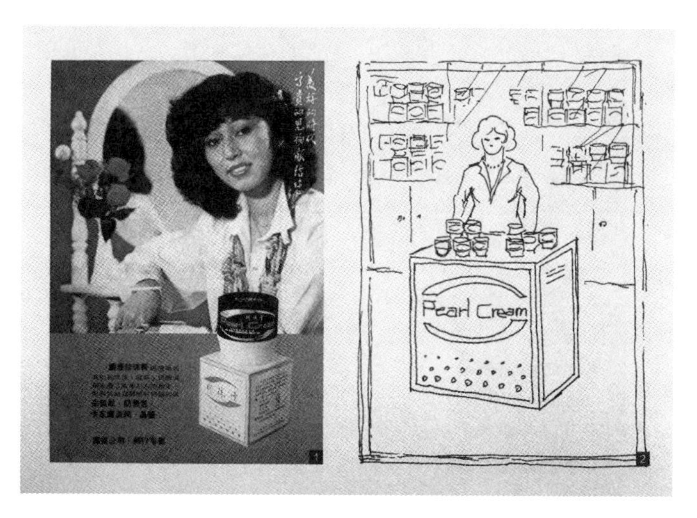


图 3.3.4　图左：香港小姐张玛丽代言“上药牌”珍珠膏广告。图右：20 世纪 70 年代商场把上药牌珍珠膏的包装盒放大变成促销台，赵佐良根据回忆绘制。

1. 沈榆，魏劭农 . 中国工业设计研究文集——1949—1979 中国工业设计珍藏档案（增订本）［M］. 上海：上海人民美术出版社，2019：296.

膏，贴上“特供”的标签。珍珠膏外销市场打开以后，工厂开始研究内销市场，因为内外有别，在产品品牌与包装设计上不能照搬外销产品。内销珍珠产品品牌，借鉴当时市场上热销的凤凰自行车和凤凰香烟的牌子，把“上药牌”珍珠膏改名为“凤凰牌”珍珠霜。1979 年，“凤凰牌”珍珠霜在国内市场全线上市，沿用“上药牌”珍珠膏的高盖瓶型，变黑盖为红盖，瓶盖上印吉祥的金凤凰，迎合了国内消费者的审美情趣（图 3.3.6[1]）。产品上市后，在上海大光明电影院、中百一店投放电影和灯箱广告，占据广告制高点，产品迅速红遍大江南北，十年内销量独



1. 图片来源：赵佐良提供。

图 3.3.5　20 世纪 70 年代东南亚市场销售商做的中国风格的广告设计

占鳌头，“凤凰牌”珍珠霜创造了销售奇迹。当时护肤品最高档的“友谊”雪花膏仅售 0.64 元一瓶，“凤凰牌”珍珠霜一上市就卖 1.98 元一瓶，但仍供不应求。[1] 产品紧俏时，为抢购“凤凰牌”珍珠霜，甚至有民众挤碎了百货公司的玻璃柜台。产品的成功带来社会的广告效应，各大报纸也争相报道“凤凰牌”珍珠霜开发成功的消息。“凤凰牌”珍珠霜的名字出现在上海说唱和沪剧的台词之中，亦为“凤凰牌”珍珠霜起到了不小的推广作用。

“上药牌”珍珠霜的黑色塑料盖顶部，“上药牌”商标采用凸面烫银新工艺，品牌标识突显出来。标签设计采用黑色的不干胶，贴在黑色的盖子上，犹如透明一样，上下两条烫银的弧线，象征闪光的珍珠贝壳，商品名称的红色英文占据整个标签的左右，适合外销市场的商品传播。包装盒采用靓丽的白色玻璃卡纸，标签的形状占据盒子正面的上方，下面采用凹凸工艺，点缀了许多颗银色的珍珠，使商



1. 沈榆，魏劭农 . 中国工业设计研究文集——1949—1979 中国工业设计珍藏档案（增订本）[M] . 上海：上海人民美术出版社，2019: 296.

图 3.3.6 “凤凰”牌珍珠霜内外包装

品的属性一目了然，内销的“凤凰牌”珍珠霜的包装设计细节则没有像前者那么多。

国内包装设计起步晚，但发展是迅速的。意识到包装设计的落后会在内外贸易方面造成巨大损失，1978 年上海市包装装潢工业公司成立，包装技术协会也于同年 10 月成立，市轻工业局把发展包装设计作为重点扶持的四大支柱产业之一。不仅在硬件上，引进德国、日本、瑞士的印刷包装设备 34 台 / 套，增添国产先进设备 92 台 / 套，逐步发展形成了一套生产先进的包装装潢印刷制品、容器、材料等协调发展的体系，具备了设计、制版、印刷、轧凹凸、烫金、模切、粗中细瓦楞，以及纸印、塑印、复合等分工；还开发了如珍珠型光泽的印刷包装纸，用于力士香皂包装，经英国联合利华公司总部专家鉴定，符合国际标准，达到外国同行业水平，使力士从此不再进口包装纸，并扩大运用到美加净香皂、梦巴黎香水等产品的包装。



改进包装设计的另一个方面是提高设计人员的业务水平，壮大设计力量。1979 年，上海市包装装潢工业公司成立包装装潢研究中心。包装协会与研究中心通过考察和与国际同行的交往，开办种类包装业务培训，举办中青年的包装设计展览、交流与评奖，出版《上海包装》杂志，由全市 10 多个工业、商业等局建立联系，组建 14 个专业委员会，拥有 180 多个团体会员单位和 1 200 余名会员，从各个行业的不同岗位上发挥包装设计在美化产品、活跃市场方面的重要作用。如纸质包装与新型材料开发相结合，设计出的 E 型瓦楞彩面包装盒，用于高档玩具、服装、家电、名酒、器皿等产品。因造型结构与外观的美化，提高了商品的身价。纸质铝、塑复合圆罐，代替马口铁金属罐，不仅气密性、液密性好，而且外观漂亮，用于食品、茶叶、油漆、羽毛球、洗衣粉等产品的包装效果很好。玻璃容器改变原来的手榴弹型老传统，仅上海玻璃二厂就开发了 34 个品种，玻璃十厂开发白磁料化妆瓶数十个品种。食品包装开发小包装，卫生、便于携带，设计装潢也颇具时代感。如似工艺品的坛装花雕酒、六小瓶为一组的鸡尾套酒、中国酿酒厂的威士忌酒、蔬菜加工三厂的瓶装酱菜、东升食品厂的曲奇饼干等产品的包装，都先后获得全国、商业部和市级的优质包装产品奖。纺织品从传统的牛皮纸包装，发展到盒装、袋装，绒毯、羊毛毯等大件有了带拉链的可携带的软塑精美提箱。被单、毛巾也有了相应多样的盒包装。手帕开发了小礼品盒用于外销旅游，团绒绒线有了开窗盒。更多的小商品包装也显示出各自特色。上海油画笔厂设计的狼毫笔挂式包装，走出传统盒式包装模式，应用棉织物编结形式，色彩选用虎黄色，加上辫须，富有民族特性，五支装的组毛笔由原先十几元售价上升到 87 元。人民针厂的缝衣针包装，长期是黑纸加锡纸，销售不便，设计了插版式小包装，大大方便了消费者和销售者，售价也比原先成倍提高。上海刀片厂推出自由落体式新包装，可吊挂、可自选，盒面色彩体现了金属质感和男性用品特点。

包装装潢的立体设计也是这一时期的一大特点。前文提到的“上药牌”珍珠霜和“凤凰牌”珍珠膏就是很好的例子。1976 年后开始使用折叠式彩色拎包盒。1980 年后先后有了抽屉式、插入式、封底式、四摇盖舌头式、单摇盖插舌头式、托盘式、锦盒式等包装盒的设计，不但附有美观的图像装饰，而且实际耐用，保护了产品不易破损。[1]



1. 上海市地方志办公室: http://www.shtong.gov.cn/ Newsite/node2/ node82538/ node84939/node84942/ node84972/ node84974userobject1ai 87026.html.

# 第四章　上海现代包装工业水平的新阶段

1949 年以来，上海的包装设计经历了新中国成立初期的摸索期、“文化大革命”期间的曲折探索期和改革开放之后的发展期。在传统文化和西方文化交融的过程中，如何更好地让“兼容并蓄”的海派文化在包装设计方面展现其独有的魅力面临着更多的挑战。商品包装不仅仅只是为了包装商品，还是一种艺术设计行为的具象表达。包装设计师在进行创作的过程中不仅要考虑包装的实用性，还要考虑商品对特定人群的吸引力和融入区域文化的特性，因此要体现商品特色，展现商品的市场价值。1950—1960 年的 10 年间，可以说是上海包装设计恢复和发展的时期。随后而来的“三年困难”时期令国民经济面临崩溃，商品极度匮乏，连基本的生活用品都受到购买限制，包装设计已不再有发展的可能，而 1966—1976 年的“文化大革命”对国内的政治、经济和社会生活也造成了沉重的打击。因此，在这一时期上海包装设计的发展基本处于停滞状态，虽然还有为外贸出口服务的设计活动，但也处于十分薄弱的状况。直到改革开放政策的确立，国内经济发展方向由计划经济逐步转向社会主义市场经济，艺术设计活动才再次得以恢复并快速发展，上海包装设计也才再次步入发展的新时期。[1]

新中国成立之初，百业待兴，我国国民经济处于恢复阶段。国家非常重视发展生产，改善人民生活，制订了首先发展轻工业的政策。上海市政府为恢复生产、发展经济，政府也开始重视包装工业，改造、兴建了一批造纸厂、塑料厂、玻璃厂和印刷厂，并着重对包装工业和相关行业进行了一系列整改，突出包装工业管理工作的重要性，制订了一系列文件、法规、标准、办法等，取得了显著成效。由于各方面的共同发力，促进了包装相关行业的整体发展，比如包装生产的工艺技术、包装产品种类的革新或研发、新型材料在包装中的运用等都为新中国上海现代包装设计的发展起到了积极作用。通过政策引导和行业的共同努力，使得上海现代包装工业水平进入了全新阶段。



1. 孙绍君 . 百年中国品牌视觉形象设计研究［D］. 苏州：苏州大学，2013.

2. 上海市地方志办公室：http://www.shtong.gov.cn/dfz_web/DFZ/Info?idnode=68994&tableName=userobject1a&id=66883.

## 第一节　工艺技术

### 一、制版及印刷

#### 1. 制版

制版工艺同印刷常用版材一样，分为凸版、平版、凹版等 3 种工艺[2]。最早的印刷是凸版印刷，起源于木刻、石刻拓版及活字版。近代开始有了照相凸版的制作，分为照相和制版两步。在完成按画稿或放大缩小的照相底片后，就进行制版，其工艺流程是：磨版→涂感光液→晒版→显影→烤版→腐蚀→印版制成。为了达到更真实的印刷效果，又发展成直接用实物摄影制成的彩色网线凸版，俗称三色版。三色版的制作首先通过分色从原稿制出单色网目负片，然后再进行制版，其工艺流程与照相凸版基本相同，而前者多用锌皮作版材，后者则用铜版制成。

平版印刷亦称胶版印刷，它的印版是通过照相的方法制成的，即原稿图文通过照相和晒版的方法复制到金属版或 PS 版上。平版制版在新中国成立初期，几乎都是手工制版，颜色要靠人工分色和加网，费时费力，质量无保证。1976 年后，上海包装印刷行业从国外引进了一批先进的制版设备，如电子分色机、连晒机、整页拼版系统及再生 PS 版生产线等，在提高和稳定制版技术质量，缩短生产周期等方面有了明显的效果。

凹版印版原来都是用人工雕刻，在磨光的铜版版面上，刻画左右相反的画像轮廓线，用镜子一边映照原稿，一边用刀雕刻。这种工艺技术要求高，制作复杂，但其印刷效果却是清晰逼真的。以后又有了照相凹版，这是凹版印刷中使用最广的一种印版。它通过照相在印版上进行腐蚀，使图像的阶调层次通过网点的深浅来表现。照相凹版的工艺流程是：制作阳图底片→碳素纸敏化→晒版→印版滚筒的制作→过版→显影→涂防蚀墨→腐蚀（烂版）→镀铬。

到 20 世纪 60—70 年代，国际上出现了电子雕刻凹版。它是通过电子控制雕刻刀按照图像要求直接在铜滚筒版材表面雕刻出网点而制成。1990 年，上海人民塑料印刷厂引进的电子雕刻机全面投产后，使包装工业的凹版制作上了一个新台阶。

2. 印刷

上海的包装装潢印刷技术，在 20 世纪 30 年代由简单的活字和木刻凸版印刷技术发展起来。初期，由几位黄杨木雕工人尝试刻制钢板从事小商标贴头印刷。到 20 世纪 30 年代中期，开始采用铜锌版和钢雕刻板，并运用从国外传入的凹凸压印工艺，印成有凹凸图案的商标、封贴和瓶贴等。其中最具代表性的是由上海凹版公司印刷的各省银行发行的钞票。用平版胶印地纹、装饰，用凸版印行章、行长章，用凹版印花边、行名、风景等。特别是手工雕刻的凹版原版，精密度达到了难以伪造的水平。这表明上海的包装印刷工艺技术在这时已达到了一定的水平。



20 世纪 40—50 年代，当时对商品的包装要求不高，印刷设备比较简单，包装印刷技术发展比较缓慢。直到 20 世纪 60 年代初开始有了变化，各印刷厂的工艺技术取得了不少的进步。

1960 年 3 月，上海凹凸彩印厂工人陈龙泉、宋沛生经过 100 多次试验，研制成用国产金粉调入自制的调金油内，成为可以直接印刷的金墨，从而有了新的印金、印银工艺。新的印金工艺很快在整个行业中得到推广，使印刷金墨在包装装潢上的应用范围不断扩大，印件质量也显著提高。以后该厂又在实践中不断改进调金油配方，使金墨表面光亮度更为理想。1961 年，上海凹凸彩印厂在实践中不断探索胶凸结合新工艺。这是将胶印和凸印两种不同的印刷工艺结合起来，使其扬长避短，相互补充。采用胶印印刷商品实物天然色照相层次版，发挥网点清晰、层次细腻、色相丰富等优点；采用凸印印刷实地满版保持墨色光亮鲜艳等优点，同时再应用凸印的轧凹凸、烫电化铝、印金等特种工艺，为商品的包装装潢起到锦上添花的作用。这一新工艺，促进了包装装潢印刷产品的升级换代，使包装美观大方、商品性强，出口商品包装适应国际市场的需要。之后发展到几乎上海每家大中型包装印刷企业都有了胶印机，胶凸结合印刷工艺遍及所有高档印刷产品。1963年初，上海戏鸿堂印刷厂和上海凹凸彩印厂相继革新成电化铝烫印机，成功地开发了在塑料薄膜和各类纸张上烫印电化铝。电化铝烫金其色相光泽又高于金墨印金，因金墨印在纸塑表面，长期与空气接触，会使金墨的原料铜金粉变暗发黑；而电化铝烫印箔则不会氧化变色，永葆光亮。这一新烫印材料的发明应用，使包装印刷具有更为富丽闪光的金属色彩，几乎成为高档商品包装和书刊装帧上必不可少的美化手段。以后，又发展了在实地金墨印刷品上加烫电化铝，暗金衬亮金，古朴显高雅，是装潢印刷工艺的成功创造。20 世纪 70 年代，上海人民印刷十厂先后试印和推广了荧光印刷和珠光印刷新工艺。该厂利用自己研制的油墨，使印刷品产生奇异的光彩，荧光红得醒目，珠光亮得闪烁，印在商标和钟面上，广告效果甚佳。商店用它做橱窗广告，工厂用它美化产品，受到了各方面的欢迎。



3. 配套

一件包装印刷品的最后完成，还需要很多配套工序及独特的制作工艺。这些工艺大部分围绕包装的生产、印刷和制作进行发展。

上光贴塑工艺，包装印刷品由于受纸张、油墨等材料的限制，成品表面的光亮度和耐磨度就不够理想。从20世纪中叶起就开始运用在油墨表面再加印一层上光油的办法，但容易起皱起膜；以后又运用压光的方法，取得较好的效果。对一些大面积的厚纸装潢印刷品，都用压光工艺使其光亮耐磨。20世纪60年代，随着塑料工业在我国兴起，上海的包装工业推广了在印刷品表面粘贴一层聚氯乙烯或聚丙烯薄膜。经热压加工，形成纸塑合成的印刷品。这样既增加装潢艺术效果，又能防污、防水、耐光、耐热，对保护和延长包装装潢印刷品的使用时间，起到了重要作用。此后一些薄型的包装纸、说明书和各类书籍封面，大都采用贴塑工艺，很受欢迎。



压敏胶贴（不干胶）及印刷工艺是由国外传入的新型产品和印刷工艺，早在20世纪50年代，上海纺织管理局印刷厂就初步研制了类似的不干胶，并应用于纺织品的标贴上。之后上海三五纸厂等单位也相继研制成各种类型的不干胶，以适应包装印刷的需要。但市场上主要供应的各类不干胶多是进口或完全用引进技术及设备生产的。不干胶是利用有较强黏合性能的黏合剂，预涂在纸张、铝箔等印刷材料的背部，再加上夹层保护防黏纸。然后经过印刷图案和文字，再通过模切压成各种形状的图形，使用时只要撕下防黏纸，就可直接粘贴于各种物体表面。它的应用范围十分广泛，适用于各种纺织品、日用工业品，以及造型奇特的塑料、玻璃、陶瓷、搪瓷、器皿、竹木器、金属制品等。这种不干胶标贴黏附性能良好，可以数次剥离再粘贴，实用和装潢价值较高，已经在各类商品的包装设计上得到应用。

模切压痕工艺，包装印刷产品除了一般常用的平面、直线造型以外，还有各种立体的和曲线的异形造型，这就不能采用一般的裁切工艺，而用模切工艺达到异形成品。模切压痕的首道工序是排刀，这是一道技术性较强的工艺，主要靠手工完成。它是按照印刷品的成型要求，用排版（以钢刀、钢线排列成各种大小直线或曲线）、浇铅或制模（按成品要求做成各种异型模具刀）组合成各种不同的铅版，供应压痕机进行模切加工。经过模切压痕生产的包装装潢印刷品可以折叠成各种形状的纸盒，也可压制成各种图形的商标、吊牌、瓶贴和不干胶产品。这一工艺的发展和进步，可以提高产品的艺术效果，增加实用价值，合理节约纸张，已经成为包装装潢印刷品最后成型的主要工序。



## 二、制盒制箱

制造纸盒和纸箱的工艺，是从最原始的手工糊盒发展起来的。20 世纪初，上海手工业小作坊式的纸盒厂家，运用马蹄刀、皮匠刀、竹尺、浆帚等简单工具，从事制盒生产。其生产工艺就是在用黄板纸作原料的内托外加上白纸，盒面糊上彩印图案包装纸，把盒底做成平底或压底板（即突出盒底，如：蛋糕、月饼盒等），便成装食品的纸盒。

新中国成立后，制盒、制箱的工艺技术随着经济和技术的发展有了明显的进步。1951 年 8 月，三元印刷厂（今纸盒印刷厂）私方厂长叶明远发明了可直接用于印刷的防潮油，开始在胶印机上对箱面进行上油印字，改变了过去用柏油表纸和人工刷麦头的落后工艺。1954 年 9 月，上海联业麻版箱厂（后并入上海纸箱二厂）又制成 5 层瓦楞纸箱，进一步提高了纸箱的质量和保证商品运输的安全。为了加快 5 层瓦楞纸版的生产速度，德成纸品厂（今上海纸箱一厂）在 1957 年革新成功双面裱胶水机。原来裱成一张 3 层瓦楞纸，必须通过两次上胶才能完成；改革后将单面上胶改为双面上胶，用上下 4 只辊筒同时进行，产量提高一倍，并能一次完成 5 层瓦楞纸版的制造。这一革新成果推广至全国同业，效果颇佳。



1958 年，上海各家制盒、制箱厂相继对原有的设备和工艺进行改进，变手工为机械、单机为联动，实现了瓦（轧瓦楞）裱（裱胶水）联合，分（分纸）压（压线）联合，使制盒制箱工艺流程起了很大变化，从 8 道工序改为 5 道工序，提高了产量和质量，减少了损耗。1975 年，上海纸盒一厂（今纸箱一厂）厂长吴云甫用从日本考察带回的资料，与杨发宝等一起研究，加上其他化学材料，采用氧化一步法加热反应制成具有黏结牢、干燥快、无泛碱、成本低的玉米淀粉黏合剂，替代了沿袭 40 年的纸版黏合材料——泡化碱。1979 年，上海纸箱厂任毓英等对黏合材料进一步研制，分别试验成功熟胶（用于胶水车裱）和生胶（用于瓦楞纸版联合机）。1980 年，上海纸盒一厂副厂长张洪新等采用科学优选的“正交试验法”，创造了可在 2 小时内完成的玉米淀粉黏合剂的快速冷制法。这些黏合剂都在全行业不同的生产条件下得到广泛的推广应用。

上海纸箱行业的工程技术人员，不仅注重技术工艺的提高和设备的改进，在软技术领域也为全国同行业的技术进步做出了努力。1980 年，由郑麟书翻译、吴云甫校正的《瓦楞纸箱业务知识》对纸箱行业的现代化生产起到指导作用。1982 年张洪新编撰了《瓦楞纸箱基础知识》，被各地同行作为技术干部参考书和技术培训教材，还被中国包装技术协会纸制品包装科技情报站评为一等奖。

## 三、装潢材料制造

### 1. 泡沫塑料

1964 年，上海塑料制品七厂开始转产试验泡沫塑料——可发性聚苯乙烯（EPS）时，用生产套鞋用的打浆机作为水预发泡机，把原料浸在热水中发泡，再借用做笔胆的蒸缸充当成型机进行数百次试验。在初步取得成功后，就自制了土设备：蒸缸及水预发泡机，并于同年 11 月生产出我国最早的泡沫塑料制品。1965 年 4 月，根据预发泡的原理，该厂技术人员自己动手设计和制造出中国第一台连续式预发机并投入生产使用，用“二步法”生产出国产原料的聚苯乙烯可发性珠粒，为 EPS 泡沫制品的批量生产奠定了基础。经过不断实践，摸索出较为完整的工艺流程：聚苯乙烯粒子、石油醚、水、分散剂（PVA）→浸渍→后处理→可发性聚苯乙烯树脂→预发泡→熟化→成型→可发性聚苯乙烯塑料制品。



1968 年，上海塑料制品七厂技术人员又研究开发了用于美术设计、瓶盖衬垫的 EPS 吹塑纸，该产品是用螺杆挤出机挤出吹塑，共有 20 多种颜色。其工艺流程是：EPS 粒子→预热→配料→捏和→塑化→挤出→吹胀→牵引→冷却→切割→装箱→成品出厂。

## 2. 电化铝烫金材料

20 世纪 40 年代末，天成烫金所（上海烫金材料厂的前身）业主陈凤冈对烫金材料加工进行了钻研。他在透明纸上涂上各种颜色涂层，然后在薄壳、筷子表面洒上烫金粉，通过烫金架版子加热转移上去，成功地出现了色泽鲜艳、美丽多彩的字画，成为最早的烫金材料。新中国成立后，他又进一步研制成用硝酸纤维、颜料等为基材的化学彩色粉片，解决了过去只有金（铜粉）、银（铝箔）的单调色彩，广开了烫金材料来源。



由于硝酸纤维要与溶剂（危险品）配制，禁止在上海市区生产，1955 年初，天成烫金用品厂的李应生研究用非危险品原材料生产烫印粉纸。烫印粉纸是一种转移烫印材料，它用纸作载体，涂上脱离层，再在脱离层上涂上各种色彩颜料烘干而成。烫印后只要揭去纸张，字迹、图案就非常清晰地印在被烫物的表面。这种烫印粉纸一直延续到电化铝烫印箔的出现才被淘汰。

1963 年底，天成烫金用品厂根据国外样品开始试制电化铝烫印箔。经李应生等人的研究试验，这一新型烫金材料由 4 个层次组成：第一层是载体，用透明涤纶薄膜组成，能耐高温、耐溶剂，坚韧性好，可经受拉伸；第二层是显色层，能使表面显示色彩的涂料，耐磨耐晒，对铝层要有很好附着力；第三层是铝层，要既细又薄，表面光泽，能与显色层牢固结合，这种铝层只能在高真空情况下蒸发镀成；第四层是胶黏层，它由一种半透明半粉状物质构成。1965 年，电化铝烫印箔初步试制成小样。之后，又研制成我国第一台500厘米连续式高真空镀膜机，并正式批量生产电化铝烫印箔。

1966年以后，天成烫金用品厂的章瑞康、洪美玉等又对李应生开创的配方进一步改进。章瑞康的配方定名为51型，洪美玉的配方定名为71型。接着陈大鹤又在71型基础上试验出920型。同时上海轻工业研究所和该厂陈梦玉、荆沪生等协同研究，最后定名为“8号电化铝”，用以烫印在纸张和油墨上；12号电化铝专门烫印塑料，15号电化铝烫印硬塑料和有机玻璃。1987年以后，上海烫金材料厂从德国引进设备，生产出高质量的电化铝，定名为88型，逐步替代了8号电化铝。后又制成90型电化铝，替代了12号和15号电化铝。



## 第二节　主要产品

上海的包装设计印刷品从19世纪后期到20世纪中期，一般采用简易的包装纸、盒，1950年开始，随着生产发展和产品不断更新，包装设计的印刷品，逐渐成为美化商品、宣传商品的重要手段，受到各产品生产厂的重视。

### 一、包装装潢印刷品

#### 1. 包装纸

包装纸印刷品早在古代就有，多系木刻手工拓印。近代的包装纸印刷品是随着机器生产而发展的。1920年以后，上海就出现了为工厂产品配套的包装纸。如家庭工业社的无敌牌牙粉封袋，以及中国化学工业社、民生墨水厂、科发药房和万国化学厂等产品的包装纸。

1930 年以后，随着雕刻版和凹凸工艺的运用，出现了一批别具特色的商标图案。再加上印刷材料从单一纸张发展到印刷铝箔纸，使包装装潢产品更受到厂家的欢迎。如永成薄荷公司的弥陀佛商标，小而精致；白金龙香烟包装凹凸明显；还有各袜厂、手帕厂、化妆品厂产品的封口和口琴、热水瓶上的粘贴，以及啤酒牌子、香烟壳子等印制精细的商标标签。



1940 年以后，市场商品逐渐趋向洋化，包装装潢印刷纸也从过去单一薄纸、铝箔纸，发展为厚纸、卡片纸，有的还印在玻璃纸及马口铁上，如香烟、饼干听等。

1950 年以来，随着产品门类和数量的增多，也带动了包装纸印刷品的发展，上海凹凸彩印厂为益民食品一厂印制的威化巧克力包装纸，在铝纸上印出彩色图案及文字。上海人民印刷一厂为各糖果厂印刷的卷筒包装纸，保证了各糖果厂不断改进生产工艺和更换花色品种的需求。

2. 包装盒

包装盒印刷品，是包装装潢印刷品中最主要的产品。20 世纪 60 年代上海凹凸彩印厂为黑龙江省一面坡酒厂印制的五加参酒包装盒，运用胶凸结合工艺，再加轧凹凸和烫电化铝，使产品达到光泽鲜艳，层次细致，凹凸饱满，烫金闪光。包装盒面上的老寿星形象栩栩如生，引人喜爱，使消费者一见包装就联想到该酒延年益寿的功效，萌发购买欲望。上海人民印刷八厂承印的中国特级安酒包装盒，在设计上体现独特的民族风格，在印刷上讲究直观效果，获得国际同行们的赞誉。

### 3. 包装袋

包装袋印刷品有纸袋和塑料袋两大类。但从 20 世纪 60 年代以来，纸袋已逐渐被塑料袋所代替。1958 年，戎鸿堂印刷厂和普业印刷厂试印塑料薄膜包装袋成功。以后经过不断改进，印刷设备和工艺由凸印转为凹印，质量和产量都得到提高。随着塑料工业的发展，塑料袋印刷品逐渐普及扩展到服装、食品、日化、茶叶、土特产、医药等行业。用塑料薄膜彩印包装袋包装商品，具有透明、美观、柔软、防水、防潮、密封、无毒、无味、抗腐蚀等优点，受到各产品厂和消费者的欢迎。



## 二、 包装装潢容器

商品包装容器有纸制、木制和塑制等。

### 1. 纸盒

上海的包装纸盒生产始于 20 世纪初，最早是手工裱糊的硬纸盒，多以黄板纸为里层，用商标纸为表层裱糊而成。新中国成立后，由于白板纸的运用并直接成为印刷基材，再加上制盒逐步走向机械化生产，折叠纸盒就代替了手工糊盒。这种纸盒由于在使用前能折叠堆放，可节约包装仓储和运输费用，在使用时能有效盛装，方便销售，因而在产品的包装装潢中被广泛运用，成为牙膏、化妆品、服装、医药、酒类、食品、器皿等的必备包装。

1958 年以后，纸盒生产发展很快，绝大多数轻工产品都用上了包装纸盒。大的如服装和衬衫盒，小的像藕粉盒，圆珠笔、铅笔盒等。其他如锯条、小圆镜、复写纸、日记簿等也都开始使用纸盒包装。

1964 年以后，开始生产彩色瓦楞纸盒，这对保护产品更为有效，因而在保温瓶、玻璃和搪瓷及化妆品等行业大量推广，并从生产各种内销产品盒发展到外销包装。上海纸盒九厂在 1974 年为中国土特产进出口公司生产的蜂蜜盒，采用一次成型工艺的新包装盒，可大幅度降低成品损耗率。1976 年起开始生产的折叠式彩色拎包盒，使产品进一步向美观、实用、方便的方向发展。1979 年，上海纸盒十五厂（今上海装潢工艺印刷厂）为国家银质奖产品海螺牌衬衫制作的包装盒，特别受消费者青睐。



2. 纸箱

1951 年 8 月，三元印刷厂（今上海纸盒印刷厂）在纸箱上直接印刷图案文字和防潮油。这种防潮纸箱比用麻布、柏油的夹层纸箱效果好、成本低，开创了国产原料以纸代木的新局面。首批生产的是福新烟厂的香烟箱，以后推广至其他香烟、饼干、肥皂等防潮箱，以及胶鞋、毛巾、衬衫、棉毛衫、香皂等产品和鸡蛋、通心粉、仁丹、药品、葡萄糖等的包装箱。1952 年，上海联业麻板纸箱厂（后并入上海纸箱二厂）用宏文造纸厂研制的有麻浆成分的麻板纸制成了 5 层麻板纸箱，因其耐破度强，颇受用户欢迎。到 1955 年，5 层麻板纸箱投入生产。用户单位有上海的百货、针织、文化用品、医药、交电等采购供应站和食品、化工、丝绸、茶叶等进出口公司。包装范围还扩展到防潮防碎的搪瓷制品、玻璃器皿等外包装箱。

1979 年底，行业自行制造的我国第一台大型瓦楞纸板生产线在上海纸箱厂顺利投产。此后上海纸箱一厂等又陆续引进了一些国外先进的大型制箱和配套设备，纸箱包装有较快发展，并全面开始和扩大了“以纸代木”包装箱的生产。上海自行车厂与上海纸箱厂合作，从 1983 年 11 月起，进行了用纸箱包装自行车的各种试验。确定了箱型结构、包装工艺，将 5 辆装木箱改为 3 辆装纸箱。这不仅节约了大量材料，还降低了自行车包装成本，节约了运输费用。与此同时，为缝纫机包装试制成功的纸箱，替代了传统的稻草包装。据上海缝纫机研究所到哈尔滨市及郊县进行现场开箱调查，长途运输后纸箱包装的机架总损坏率仅为 1.3%，而稻草包装的损坏率则高达 10.9%。



3. 纸桶

机制纸桶产品由牛皮纸、胶合板、冷轧带钢等制成，具有质轻体固、耐压抗冲击，广泛用于化工、医药、五金等行业固态颗粒状、粉末状及胶体状原料和产品的包装。

1958 年 8 月，上海三元印刷厂（今上海纸盒印刷厂）借鉴国外同类产品，用自制土设备革新成功机制纸桶，在美观牢固方面均胜过木桶。1958 年 11 月正式批量投产后，需求量不断增加。为了扩大生产，该产品于 1965 年 8 月划给延安制盒厂（后并入上海制盒十六厂）专门生产，年产量从 1959 年的 7 万只，增加到 1984 年的 23 万只。被广泛应用于百货、化工、医药、塑料等商品包装，成为颇受欢迎的包装产品。

4. 塑料文具盒

1972 年初，上海纸袋印刷一厂（今上海塑料包装厂）最早试制生产塑料磁性开关文具盒。E5115 塑料文具盒，外径尺寸为 30 毫米 ×95 毫米 ×240 毫米，以 PVC 薄膜和 PVC 硬片为主要原料。在盒面内衬 PV 泡沫，手感好；运用国际流行的磁性开关，使用方便；并设计了富有民族特色的“大闹天宫”“哪吒”“蟠桃”等卡通画为题材的盒面图案，还采用多种印刷手法，使图案生动活泼，色彩协调、鲜艳明快。产品上市后，颇受中小学生的欢迎，并得到零售商店与消费者一致好评。



从 1973 年起，该厂在塑料文具盒生产中不断改进原料配方和工艺。使产品质量达到高温 40℃不变形，用力猛击不会碎，品种花色不断增加，适应国际市场销售。塑料文具盒不仅内销需求量大，而且外销出口也越来越多，到 1979 年出口已达 264 万只，创汇 135 万美元；1983 年高达 482 万只，创汇 186 万美元（表 4.2.1[1]）。

1. 该表数据为笔者通过相关资料整理而成。

表 4.2.1　1957—1980 年包装装潢容器产量表

| 年 份 | 纸盒、纸箱（万平方米） | 纸桶（万只） | 年 份 | 纸盒、纸箱（万平方米） | 纸桶（万只） |
|---|---|---|---|---|---|
| 1957 | 2 839.3 | — | 1969 | 13 982.9 | — |
| 1958 | 4 276.8 | 0.6 | 1970 | 14 111.9 | — |
| 1959 | 6 421.9 | 6.9 | 1971 | 12 840.1 | — |
| 1960 | 8 135.4 | 13.9 | 1972 | 13 071.4 | — |

（续 表）

| 年 份 | 纸盒、纸箱（万平方米） | 纸桶（万只） | 年 份 | 纸盒、纸箱（万平方米） | 纸桶（万只） |
|---|---|---|---|---|---|
| 1961 | 6 591.7 | 2.4 | 1973 | 14 110.1 | — |
| 1962 | 6 231.1 | 0.7 | 1974 | 15 341.0 | — |
| 1963 | 7 318.4 | 1.3 | 1975 | 15 263.2 | — |
| 1964 | 9 218.8 | 3.1 | 1976 | 14 840.4 | — |
| 1965 | 10 704.9 | 3.5 | 1977 | 14 357.5 | — |
| 1966 | 10 930.6 | — | 1978 | 15 860.8 | — |
| 1967 | 10 230.6 | — | 1979 | 15 489.8 | — |
| 1968 | 12 227.5 | — | 1980 | 16 003.5 | — |



## 第三节　包装设计材料

包装设计材料，自塑料逐渐取代传统包装材料以后，以其加工方便，价格低廉，轻便美观，具有弹性、柔性、气密性等特点，受到厂家和消费者的青睐。

### 一、复合包装薄膜

复合包装薄膜是用塑料薄膜（聚乙烯、聚丙烯等）和纸、铝箔等多种材料复合制成的。1971 年初，上海人民印刷十八厂（今上海人民塑料印刷厂）承接了复合薄膜的试制任务，在上海轻工业研究所的协助下，首先开发玻璃纸涂塑材料。同年底依靠上海塑料制品二厂引进的挤出复合设备，将印刷好图案的玻璃纸进行挤出复合获得成功。1972 年 3 月正式投入生产，第一批复合产品是上海益民食品四厂的金华火腿面袋。火腿快餐面原售价为每吨 748 元，改用玻璃纸涂塑包装后，每吨售价提高到 2 196 元，提高了 180%。紧接着又为北菇三鲜面、鸡汁上汤面、大白兔奶糖、百花奶糖等产品制成复合包装袋，为出口商品保证质量、提高售价和多创汇做出了贡献。1973 年，上海人民印刷十七厂和十八厂与上海烫金材料厂联合进行研制，采用国产涤纶薄膜印刷、真空镀铝、聚乙烯复合，于 1974 年，制成涤纶 / 镀铝 / 聚乙烯复合薄膜。这一新包装材料透气性小、防潮性好，具有一定的抗紫外线等隔绝性能，并有金属光泽，富有装饰性。用它制成的包装袋盛装菊花晶、茶叶等产品，效果甚佳。1978 年上半年，上海人民塑料印刷厂开始研制双向拉伸聚丙烯 / 聚乙烯复合包装薄膜。1981 年 1 月，为天津味精厂生产了第一批用上述材料制成的味精袋。这种双向拉伸聚丙烯 / 聚乙烯复合薄膜能代替进口玻璃纸，比重轻，抗水性好，价格低。用它制成的复合包装袋具有防水、防潮、光泽好、装饰性佳的特点，主要用于各种糖果食品小包装、榨菜小包装、果汁浆液小包装等。



上海人民塑料印刷厂大量生产后，根据市场的需要，逐步发展形成了以双向拉伸聚丙烯为基材的多种复合薄膜，先后分别试制成功了双向拉伸聚丙烯 / 铝箔 / 聚乙烯、双向拉伸聚丙烯 / 聚乙烯、双向拉伸聚丙烯 / 聚酯镀铝 / 聚乙烯、双向拉伸聚丙烯 / 不干胶等系列复合薄膜包装材料。不仅可用于干果、食品的颗粒、粉质等小包装，也能应用于含水物品（如榨菜、化妆品）的包装，被广泛用于食品、糖果、饮料、日化、医药等行业 300 多个品种的包装（表 4.3.1）。

表 4.3.1　1972—1980 年各类复合包装材料产量表[1]

（单位：吨）

| 年份 | 合计 | 玻璃纸复合（包括 BOPP 复合） | 油封纸复合 | 铝箔复合 | 聚酯复合 | 其他复合 |
|---|---|---|---|---|---|---|
| 1972 | 0.9 | 0.9 | — | — | — | — |
| 1973 | 14.5 | 11.8 | — | 1.8 | — | 0.9 |
| 1974 | 39.9 | 22.2 | 1.3 | 14 | 2.4 | — |
| 1975 | 55.8 | 35 | 2.5 | 7.1 | 10.3 | 0.9 |
| 1976 | 65.5 | 31.2 | 7.4 | 1.2 | 19.2 | 6.5 |
| 1977 | 52.6 | 33.9 | 7.5 | 6.9 | 0.9 | 3.4 |
| 1978 | 43.4 | 39.3 | 2.0 | 1.2 | 0.7 | 0.2 |
| 1979 | 99.6 | 63.2 | 25.6 | 10.8 | — | — |
| 1980 | 302.2 | 133.5 | 133.4 | 27.4 | 7.9 | — |



1. 该表数据为笔者通过相关资料整理而成，资料来源：上海包装装潢公司。

## 二、泡沫塑料

泡沫塑料，学名为可发性聚苯乙烯，用这种材料制成的各类物品，具有防震、抗压、隔热、隔间、比重轻、外观美等性能。可广泛用于冷藏工业、建筑工业作隔热材料和装饰材料，也是精密仪器、仪表、电子设备零件、易碎物品等的理想包装衬垫材料。它可根据被包装物品的体积形状制作，使包装紧贴、体积小、重量轻、成本低、表面美观，而且不易受震、受损、受潮、受冷、受热。另外它能代替软木、木棉等贵重原料作为救生材料；在捕鱼网浮子上，既会漂浮，又能减轻渔网重量。可发性聚苯乙烯泡沫塑料制品在国民经济中具有广泛的用途。

1964 年 9 月，在上海市轻工业研究所和上海塑料制品六厂的协助下，上海塑料制品七厂开始试验生产可发性聚苯乙烯。至 1965 年 2 月，运用德国进口原料，在国产和自建设备上生产出了最早的泡沫塑料，用于上海录音器材厂 810 录音机包角及上海第四电表厂的电表全包装。

由于德国进口原料有限，上海塑料制品七厂组织技术人员攻关，并借鉴华东化工学院的经验，将上海高桥化工厂生产的悬浮聚苯乙烯粒子，在聚合釜中进行浸渍试验，成功地用“二步法”生产出全部国产材料的聚苯乙烯粒子，解决了原料供应，保证了泡沫塑料的生产。全部用国产原料制成的泡沫塑料制品，于 1965 年 9 月进行了现场高度跌落试验，制品的质量、防震性能均达到标准。同年 11 月，该材料通过专家鉴定。从此，泡沫塑料这一新材料由试验性生产转为正式生产，当年就生产了 100 吨，其主要产品为泡沫塑料板材和收音机、录音机、电表等家用电器的防震包装。1966 年 9 月，该厂技术人员借鉴国外技术，又深化产品改造，制成了自熄型泡沫塑料，解决了原材料易燃的缺点，保证了国防、航空、航运等方面的需要。这一新材料经江南造船厂和六机部九所鉴定，产品的自熄性能赶上和超过了国际先进水平。以后又开发了 EPS 吹塑纸。这是聚苯乙烯经过挤出机挤出吹塑制成的泡沫塑料，是宣传、广告装饰用的轻型材料。



1976 年以后，泡沫塑料产量猛增，质量稳定，逐渐形成系列产品，以满足市场的需求。其防震抗压包装产品，主要用于精密仪器、家用电器等产品包装；自熄发泡产品，导热系数小、隔热效果好，其平板用于冷库的隔热保温，圆管用于冷冻管道的隔热保温；彩色吹塑纸色艳、质轻、无毒，主要用于装饰和真空包装等。

## 三、电化铝

电化铝（热烫印转移箔）是一种用途十分广泛的装潢装饰材料，其主要功能是美化产品的包装和被装饰物的形象。

1963 年底，天成烫金用品厂（今上海烫金材料厂）李应生等经过 3 年努力，试制出从单片到卷筒式电化铝箔小样，产品质量达到国内用户要求，并开始了小批量试产。

1968 年，中共中央《毛泽东选集》办公室决定在《毛泽东选集》和《毛主席语录》的封面上烫印电化铝。上海烫金材料厂因此建厂房、增设备、添人员，改进工艺和配方，于 1969 年起始批量生产金、银色电化铝，至 1972 年 12 月，试制出 12 种颜色的电化铝。1973 年 4 月起，正式批量生产金、银、红、蓝、绿、橘 6 种颜色，每卷幅宽为 0.47 米，长度为 60 米。

国产电化铝的面世，不仅节约了原来需要进口所耗用的外汇，而且开始出口。1979 年 10 月，该厂正式将孔雀牌商标进行注册。年产量从 1967 年的 2 485 卷上升到 15 万卷，以后每年都有增加（表 4.3.2[1]）。



1. 该表数据为笔者通过相关资料整理而成，资料来源：上海包装装潢公司。

表 4.3.2　1966—1980 年热烫印转移箔（电化铝）产量及出口金额表

| 年　份 | 总产量（卷） | 其中出口 | | 年　份 | 总产量（卷） | 其中出口 | |
|---|---|---|---|---|---|---|---|
| | | 产量（卷） | 金额（万美元） | | | 产量（卷） | 金额（万美元） |
| 1966 | 456.5 | — | — | 1974 | 59 437.3 | 687.0 | 1.04 |
| 1967 | 2 485.0 | — | — | 1975 | 67 285.4 | 3 095.0 | 4.62 |

（续 表）

| 年　份 | 总产量（卷） | 其中出口 | | 年　份 | 总产量（卷） | 其中出口 | |
|---|---|---|---|---|---|---|---|
| | | 产量（卷） | 金额（万美元） | | | 产量（卷） | 金额（万美元） |
| 1968 | 2 959.5 | — | — | 1976 | 66 889.8 | 620.0 | 0.94 |
| 1969 | 14 844.9 | — | — | 1977 | 93 611.0 | 2 310.0 | 3.46 |
| 1970 | 18 107.0 | — | — | 1978 | 136 983.0 | 1 950.0 | 2.92 |
| 1971 | 27 341.0 | — | — | 1979 | 150 093.0 | 7 870.0 | 5.75 |
| 1972 | 29 379.0 | — | — | 1980 | 165 066.0 | 7 645.0 | 5.58 |
| 1973 | 52 398.5 | 1 315.0 | 1.96 | | | | |

# 第五章　上海现代包装设计的历史价值

上海的轻工业生产应用新技术，开发新产品，促进了造型、包装设计工作的发展。艺术工作者参与设计也提高了上海整体包装和商品造型设计的水准。鲁迅美术学院玻璃美术专业筹建组，以留学捷克斯洛伐克学习玻璃美术的王学东为首，1963 年在上海玻璃器皿一厂和二厂设计了一批产品，其中窑玻璃、大切块花瓶等，都属我国首次生产。上海是搪瓷制品和热水瓶的最大生产基地，但铁壳喷花的热水瓶大都为大红花和双喜图案，后来由国画家黄幻吾进入玻搪公司参加设计工作，以及 1959 年上海中国画院唐云等画家，下工厂为搪瓷制品绘制花样，使面盆、热水瓶上开始有了国画。至 20 世纪 60 年代末，上海美术家协会组织热水瓶装饰征稿，张雪父、钱震之设计的几何图案中标，更丰富了产品花式。

上海现代包装材料的开发比较突出。1958 年，戏鸿堂和普业印刷厂塑料薄膜包装袋印制成功，使服装、食品、日化、茶叶、土特产、医药等的包装达到了透明、防水、密封、无毒、抗腐等要求。1965 年，上述两个厂被外贸部门指定为当时全市专做瓦楞纸箱的纸品厂，1965 年，开发聚苯乙烯泡沫制品，同年制成了替代进口的电化铅热烫印箔。与此同时，包装的设计则在计划经济的条件下发展迟缓。相当多的轻工产品从新中国成立初的木箱包装，到 1953 年后由于木材紧缺，改用麻板纸箱，或草、麻、竹、蒲等代替木箱。内销产品捆扎批发，甚至散装交货，破损、污染情况造成的经济损失在所难免。而在外销产品方面，则由于包装设计的滞后而严重影响了商品的价值，减少了出口创汇。如出口伊朗的自行车，因木箱破损而造成零件从港口一直漏到德黑兰。无论在造型设计还是包装与装潢方面，我们的设计都远远不能与国际水准相比，处于十分落后的难堪局面。



## 第一节　上海现代包装设计的表现形式

从民国时期的包装设计发展中可以看到，商标在市场经济体制下的商品竞争中发挥着重要的作用，而在 20 世纪 50—70 年代国内以计划经济为主导的经济体制下，商标的品牌商业宣传功能性被弱化。新中国成立后资本主义工商业接受了社会主义改造，收归国有，私营企业转变为国营企业，加上当时在以美国为首的帝国主义阵营和以苏联为首的社会主义阵营紧张对峙的国际环境中，新中国采取了“一边倒”“倒向苏联”的政策，迫使西方企业撤离中国，这就使国内商品市场不再像新中国成立前那样面临帝国主义列强的竞争压力。不再受到西方帝国主义列强的经济剥削是件好事，但缺乏了市场竞争的刺激，加上国家政策的限制和“文化艺术为政治服务”的政策倾向，客观上来说不利于产品包装设计的发展。这一时期的包装设计多集中于民用工业产品中，在设计上也没有像民国时期所呈现出的那样多元化的风格和多样的表现形式，但依然具有自身的艺术特色，反映了当时国内的艺术风尚和社会民众的审美喜好。

## 一、包装设计的风格形式



1949 年 5 月 27 日上海在中国共产党的带领下获得解放，从此上海进入一个新的历史发展时期，政治制度大改革给上海的包装设计行业也带来了复苏。一方面在延续民国时期包装的制作方法和简便的设计风格。另一方面，对不适合国家发展、政治建设的内容加以屏蔽，去除。图 5.1.1[1] 中是 20 世纪 50 年代上海家庭互助联合厂出品的包装纸，这种类型的包装纸，在 20 世纪 20 年代末就已兴起，在 20 世纪三四十年代成为市场流通的商品主流包装形式之一。由于印刷技术要求较低，操作简单，纸质材质比较容易供应，所以，单色印刷的包装纸具有物美价廉、制作简单、使用方便等明显优势，从而设计风格和表达形式被保留下来。同时以符合社会主义宣传的方式进行生产。

1. 图片来源：笔者收藏。

在包装设计上的变化：新中国成立初期的画家们和月份牌画家们在新中国成立以后，大部分转入为新中国的实际服务建设项目中来，从事包装设计以及其他实用美术的行业，为新中国的建设而服务。这一时期，上海的包装设计行业在新中国的带领下处于一个摸索的阶段。这一时期创作的包装设计表现着新中国成立以后的喜悦和欢快之情。这一时期光明品牌的建立是非常具有历史纪念意义的，1950 年在上海建立的这个品牌，现在已经是上海家喻户晓的名字，上海许多食品行业的品牌都属于光明食品集团，如大白兔、冠生园、佛手、正广和、梅林等。

计划经济条件下，国内商品是以产定销的生产销售形式，民众对商品的选择余地不大。这就让包装设计在更多时候起到的只是装饰和美化产品的作用。在设计表现的内容上，比较民国时期也有很大改观。20 世纪前期，中国民族工业的许多产品商标图案题材广泛，比如取材自传统文化中的戏曲故事、历史人物、民间掌故、宗教信仰，另外还有飞禽走兽、花草树木和西方文化的题材。新中国成立后，人民政府对于商标设计进行了整顿，摒弃了具有“封建迷信”和“崇洋媚外”色彩的低级庸俗图案题材，要

图 5.1.1　20 世纪 50 年代上海家庭互助联合厂出品的包装纸（60 cm×90 cm）

求包装设计自然朴实、美观大方，并且在有些标志设计内容上还加入了一些政治宣传的内容。因此，在 20 世纪 50—70 年代的包装设计中多有选择以体现国家性质，爱党爱国，反映人民当家作主以及向往新生活的内容。到了“文化大革命”时期，“政治挂帅”的主张深深束缚了包装设计的管理工作。在管理上，包装设计必须做到符合“三性”标准，即革命性、阶级性和现实性。同时各地区对于商标的管理审查工作也十分严格。像“中华”“天安门”“红旗”“和平”“工农”等重要题材，只允许用在产品质量优秀的包装设计上；对于“卫星”“火箭”“飞船”“东方号”等敏感题材，因怕图形设计不好，容易产生不良影响，则多以“不宜使用”加以规限。而像带有“飞天”“嫦娥”“奔月”“古鼎”等题材，多被视为带有封建迷信色彩而遭到弃用。[1] 在包装设计上，一些设计师受到极“左”思想的影响，费尽心机假设求证，看设计图案中有无不符合政治时宜的内容。设计的视觉表现形式也多是直来直去，具象写实。如“三门峡”，直接画一座三门峡大坝；“长江大桥”，则直接照搬大桥的造型；用烟囱代表工厂，以嘉禾、镰刀象征农业、农民，用齿轮、斧头代表工人，用火车头代表“前进”，葵花表示“向阳”等等（图 5.1.2[2]）。

20 世纪 60 年代后期，在众多包装设计作品中，上海日化包装的设计显得尤为突出，造型新颖，工艺先进。特别是运用了新型烫金、凹凸印刷等工艺。包装设计整体风格形式有所改观。比如，顾世朋设计的蓓蕾牌化妆品包装，从打样稿中可以明显地看出，针对不同部分的印刷工艺很考究，其中花朵的花梗和花托部分以及摇盖的 logo 部分都运用了烫金凹凸的印刷工艺。出口商品的包装设计不可谓



1. 马东岐，康为民 . 中华商标与文化［M］. 北京：中国文史出版社，2007：19.

2. 图片来源：笔者收藏。

不精致（图 5.1.3[1]）。

## 二、包装设计的内容题材

从新中国成立到改革开放的这段时期，我国的包装设计逐渐形成了一些约定俗成的风格和设计形式。如在服饰、日化行业的产品，多是以花鸟图案配合美术字及拼音字母的设计形式出现。在设计的外观安排上，以长方形、圆形居多。常用的花卉图案有梅花、海棠、牡丹等，鸟类则有鸳鸯、喜鹊、海鸥等。这种以写实花鸟图案为主的表现形式，表现了自然美和意蕴美的内涵，加上美术字和拼音字母的设计，显得时尚、美观、大方。这样的设计表现形式在当时可谓风靡一时，颇受人民喜爱。比如，美丽牌香烟的包装设计，在民国时期以美女头像作为主要表达对象，但是在公私合营之后，公私合营华城烟厂出品的美丽牌香



1. 图片来源：顾传熙提供。

图 5.1.2　20 世纪六七十年代上海市创新工艺品一厂敬制包装纸

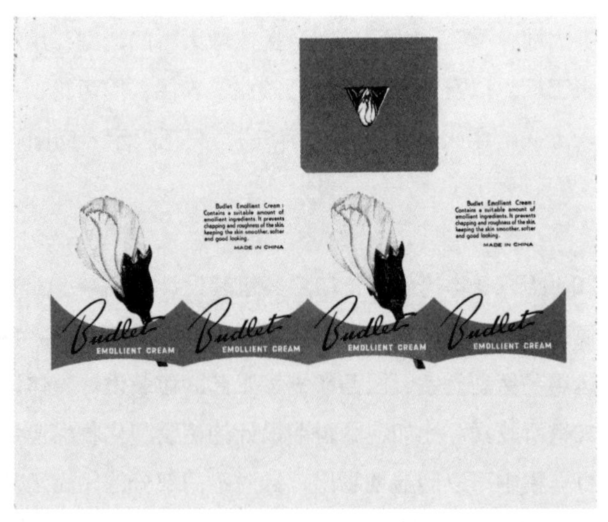


图 5.1.3　约 1965 年由顾世朋设计的蓓蕾牌化妆品包装设计印刷打样稿

烟的包装设计换成了湖光山色围绕的宝塔风景图画（图 5.1.4[1]）。

1934 年英美烟草公司在上海的工厂关闭，同年 11 月英美烟草公司以华商之名在上海设立颐中烟草公司，先后在青岛、福州等地开设了 11 个分厂。新中国成立后，颐中烟草公司在 1952 年被收归国有。国营上海烟草公司为了改变带有殖民主义色彩的“老刀”牌香烟形象，将之改名为“劳动”牌，在包装设计上也与之前有了较大区别，完全摒弃了过去邪恶的“海盗”形象（图 5.1.5[2]）。

火柴包装在此期间也呈现出一定的特点。火柴包装又称为“火花”，是精美的艺术设计作品，自晚清民国时期便已在国内流行。新中国成立后的火花设计也依然没有停止发展的脚步。在火柴包装的设计上，描绘花鸟鱼虫、祖国河山、名胜古迹，以及反映社会生活、经济建设的内容，取代了民国时期那些带有“腐朽资本主义色彩”和“封建迷信”的陈旧内容。这一时期，有不少上海美术家和艺术设计家参与到火柴包装设计当中，令火



1. 图片来源：笔者收藏。

2. 图片来源：笔者收藏。

图 5.1.4　20 世纪 60 年代美丽牌香烟

花设计的艺术形式愈加丰富，加上印刷的技术手段也愈加多样化，使当时的火柴包装成为独具特色的艺术作品。以 20 世纪 50—70 年代常见的火柴包装为例加以分析和说明。其一，在内容选材上火柴包装主要是以反映时代政治特色、动物与植物、花卉与风景、地标式建筑、劳动生产及体育运动为主。其二，在表现风格上基本是以写实性的图案方式来表现（图 5.1.6[1]）。20 世纪 50 年代前期，上海的火柴包装在设计上基本是继承了民国时期火花设计的表现形式，后来又逐渐延伸出平面化、装饰化的形式，形成写实图案和装饰图案的并存发展。



另外，20 世纪 60 年代之后，随着国家对出口商品包装设计的审美要求提高，以及对外汇需求的提高，包装设计在

1. 图片来源：郭纯享提供。

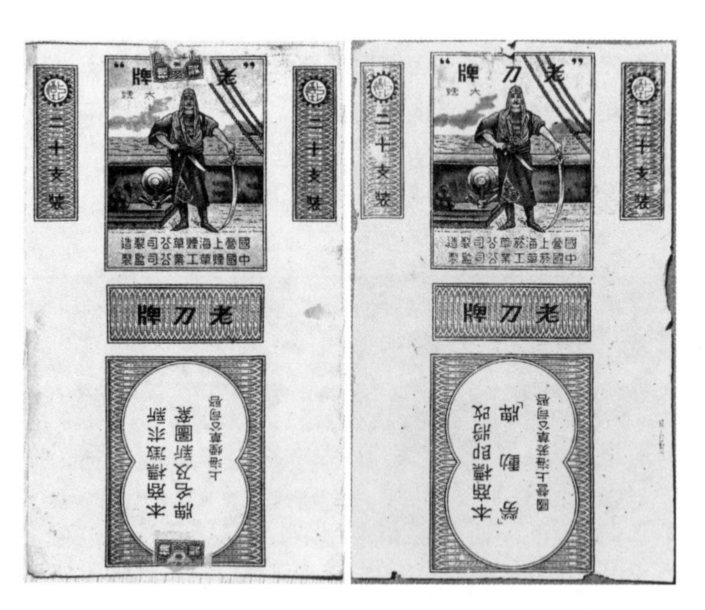


图 5.1.5　20 世纪 50 年代原来的老刀牌（图左）转变为 20 世纪 60 年代劳动牌包装（图右）

商品出口方面发挥了巨大的作用，由此反向影响了国内的商品包装设计。以顾世朋为代表的设计师在日化产品方面的努力，使得上海也有一批引领时尚潮流的产品出现，表现形式面貌一新，比如蓓蕾、芳芳、海鸥等（图 5.1.7[1]）。

图 5.1.6　20 世纪 50 年代公私合营上海燮昌火柴厂出品的火柴盒

图 5.1.7　20 世纪 60 年代蓓蕾牌化妆品包装　设计者：顾世朋

1. 图片来源：顾传熙提供。

## 第二节　上海现代包装设计发展的因素

消费者不是仅仅通过视觉来感受商品的美感，往往还结合声、香、味、触觉综合感受商品。当消费者暂时不能闻到、接触到、品尝到或者听到商品时，包装最能吸引消费者的目光。如果在包装设计中不重视表现审美文化，只是简单地对商品进行包裹，就相当于放弃了吸引消费者的权利，仅仅是等着消费者来够买，而没有主动地吸引消费者购买。在包装设计中注重审美文化特性的体现是非常重要的，如果反其道而行之，就会拆掉与消费者之间进行情感交流的桥梁。



审美是人类的本能，从心理上来说人们会趋向于选择有美感的物品。同样审美文化也会参与到人们购买商品中的每个决定中。好的包装设计能够向消费者传递与众不同的积极心理暗示，高端大气上档次的商品包装设计会让消费也感到与众不同。人们在单调的工作和生活中被束缚得太久，商品包装能够透过审美文化来解放人们的天性。包装设计师用图案、文字、色彩搭配、包装样式等要素把对美的体会融入具体的包装设计中，向消费者传递美的感受。对于审美的需求，伴随着古代人类早期的社会活动就开始了，随着生产力的发展，人们有了剩余的劳动产品，于是就出现了商业活动，在商业交换中，人们注意到了审美所产生的附加价值的作用，于是就有了“货卖张皮”的俗语，也就有了“买椟还珠”的故事。审美文化由法国启蒙文学代表人物席勒最早提出。审美文化不是一种孤立的文化，它融艺术与生活于一体，是社会和文化发展到一个较高级阶段的产物。随着物质生活水平的提高，人们在消费商品时越来越多地关注商品包装。精美的包装能够吸引消费者的眼光，从审美文化上来说，精美的包装能够给消费者带来精神上的享受和积极的心理暗示，让消费者感受到与众不同。

## 一、延续传统

由于自然条件不同，各民族在历史发展过程中创造的具有本民族特色的文化也不同。民族文化不仅包含了衣食住行等看得见的物质文化，而且还包含思维方式、价值观和审美观等看不见的精神文化。包装设计文化作为民族文化的一部分，从一个侧面体现了民族特色。



包装设计作为一定时期民族文化的一个缩影，也呈现不同的特色，最终丰富了中华民族璀璨的文化。黑格尔（G. W. F. Hegel）说：每种艺术作品都有属于它的时代和它的民族。包装设计根植于生活需要，最能反映它的时代和民族特性。包装展现生活的方方面面，体现着设计师对民族文化的理解，在一定程度上体现着民族文化。

民国时期上海是中国的经济、文化中心，也是全国商品生产、消费的中心。新中国成立后的上海工业基础较雄厚，商品经济较发达。由于受限于当时的计划经济模式和包装工艺、设备，以及相对封闭的国内环境，新中国成立初期上海的商品包装设计与解放前相比进步不大，很多传统产品包装的题材和形式还保留了民国时期的风格，延续了传统中国文化的意象。同时一些印刷制作方法和排版业延续了民国时期的方式（图 5.2.1[1]）。

如双喜牌卷烟是新中国成立前南洋兄弟烟草公司生产的卷

1. 图片来源：笔者收藏。

烟品牌。上海解放前夕，总厂设在上海的南洋兄弟烟草公司生产的卷烟品牌名称和包装也都延续了下来[1]，诸如“双喜”“白金龙”“地球”“百雀”等。双喜牌香烟的品牌名称来源于喜文化。喜悦的生活是中国人世世代代的梦想，人生美妙时刻几乎都可以用“喜”来概括，因此喜文化涵盖了中国人精神生活与物质生活的美好期盼[2]。因此在普通百姓眼中，喜庆就是吉祥，买烟就要买喜庆的烟。20 世纪 50 年代，公私合营南洋兄弟烟草公司生产的双喜牌卷烟延续了解放前的品牌名称和包装设计形式，以喜闻乐见的“双喜”民间剪纸作为包装主体图案，蕴含了人们追求幸福吉祥生活的美好愿望（图 5.2.2[3]）。



白金龙牌卷烟延续了解放前上海白金龙牌卷烟的图形、色彩和编排形式，但以中文替代了英文（图 5.2.3 图左[4]）。再如 20 世纪 30 年代南洋兄弟烟草公司生产的地球牌卷

1. 中国科学院上海经济研究所，上海社会科学院经济研究所．南洋兄弟烟草公司史料［M］．上海：上海人民出版社，1958：680.

2. 陈阳．做中国喜文化的传承者［N］．中国现代企业报，2008-02-05（A04）．

3. 图片来源：郭纯享提供。

4. 图片来源：https://www.997788.com/pr/detail_140_89424374.html.

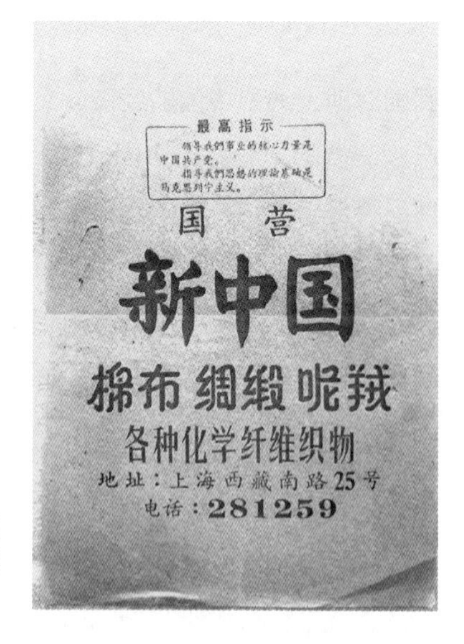


图 5.2.1　20 世纪 50 年代国营新中国棉布、绸缎、呢绒各种化学纤维织物包装纸

烟包装，主体图形是当时代表现代和科学的“地球”的形象，辅以欧式的卷草纹样和西文字体，色彩是对比鲜明的蓝、黄两色，其设计形式明显受到装饰艺术和现代

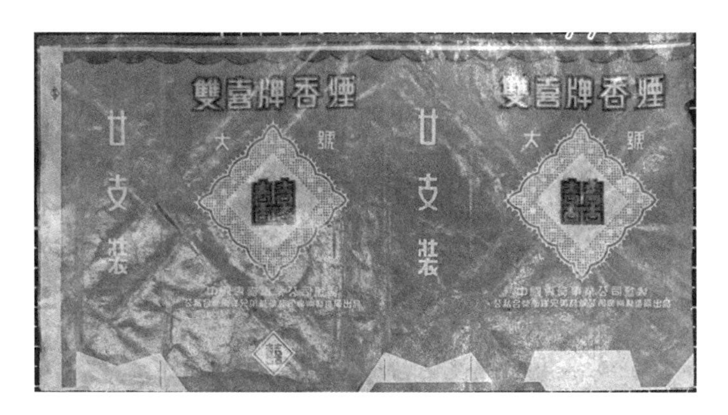


图 5.2.2　20 世纪 40 年代双喜牌香烟包装

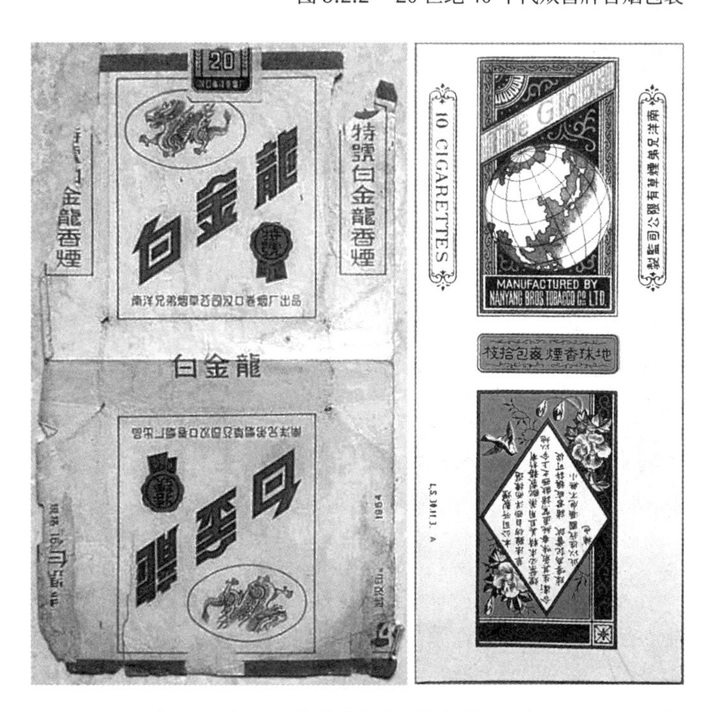


图 5.2.3　图左：20 世纪 30 年代白金龙香烟包装，图右：20 世纪 30 年代南洋兄弟烟草有限公司监制“地球”牌香烟包装

主义运动的影响（图 5.2.3 图右[1]）。20 世纪 50 年代地球牌香烟包装延续了解放前“地球”的设计元素，但整体倾向于简洁朴素，原先烦琐的英文和背景装饰不见了，取而代之的是规整的线条和几何形，整体形式更有现代感（图 5.2.4[2]）。

中国的传统意象作为我们的文化根源，一直对各类型的设计产生深远的影响，20 世纪五六十年代，上海的商品包装设计对传统文化的保留和善用，可以看作是在大范围内官方意识形态下的一种坚守，与全国范围内政治色彩浓厚的包装设计形成鲜明的对比，是在以红色元素为主导的设计语境下另一种设计语汇的表达。



## 二、政治诉求

1949—1957 年，苏联社会主义模式对中国的发展产生了深刻的影响，新中国对苏联社会主义实践经验的学习和借

1. 图片来源: https://www.997788. com/pr/detail_140_89304959.html.

2. 图片来源: https://www.997788. com/pr/detail_auction_140_ 30905949.html.

图 5.2.4　20 世纪 50 年代中国南洋兄弟烟草公司出品的地球牌香烟包装

鉴不仅包括国家组织形式、城市发展战略、现代的军事技术，也包括文学艺术的创作模式和手法[1]，例如，国家派遣美术工作者学习苏联的现代艺术，回国后分派到全国各大主要城市的美术院校。20 世纪 50 年代初期国家派遣专家、学者、艺术家去苏联交流访问，同时期也有大批学者从西方回来支援国家建设，经过中苏进行的多次美术交流以及美术展览，西方美术教育系统由此初步进入中国。

到 20 世纪 60 年代初期，苏联美术教育模式完整地介绍给中国，歌颂、赞美为主体的、积极的、向上的艺术主导思想在创作中体现，画家、美术工作者开始创作以城市建设、工人农民日常工作生活为题材的绘画和美术设计，此时的包装设计已经开始初显以劳动人民为主体的红色设计主题。



20 世纪五六十年代，整个中国社会的形态与性质都发生了巨大的变化。为巩固和发展新生的人民民主政权，大力发展社会主义工农业生产，加强国防建设和维护世界和平，鼓舞人民的革命干劲，党和政府贯彻与实施各项政治、经济、文化方针与政策，采取了政治运动的方式。而西方的封锁和中国的独立政策，以及在向苏联学习的号召下，人们的文化艺术、生产方式、生活态度，甚至审美标准，都与政治产生了联系。

1. 陈湘波，许平 .20 世纪中国平面设计文献集［M］. 南宁：广西美术出版社，2012.

20 世纪五六十年代的宣传画就是宣传、传播各种政治运动思想的一种特殊的大众传播媒介，延安时期的革命文艺精神，特别是毛泽东在延安文艺座谈会上的讲话精神，为 20 世纪五六十年代的宣传画的产生与发展规定了创作思想和方向，构建了图像模式，同时苏联、波兰等社会主义国家宣传画的设计思想形式与风格对当时中国的宣传画的艺术语言和表现方法等影响很大，例如用水粉画表现色块对比的造型语言和用文字写实的手法表现真实的工农生产场景，以及采用革命现实主义和浪漫主义艺术手法设计图像的表现手法等。[1]

20 世纪五六十年代，包装主要展现了热火朝天的工农业生产生活场景和红旗、镰刀、斧头、指南针等代表革命的造型元素，其元素和表现技法也深刻影响了全国的艺术设计，包括商品的包装设计（图 5.2.5[2]）。



1. 郑立君 . 场景与图像 20 世纪的中国招贴艺术［M］. 重庆：重庆大学出版社，2007：162.

2. 图片来源：笔者收藏。

图 5.2.5　20 世纪 50 年代国营上海烟草工业公司出品指南牌香烟包装

为了贯彻“文艺为政治服务”“艺术与工农兵相结合”的文艺理论，20 世纪五六十年代全国的艺术设计活动重心从商业转向政治，上海也不例外，这一时期上海的大多数商品包装设计带有浓厚的政治色彩，包装对商品的商业宣传、推广的作用被大大削弱。企业顺应时代潮流，推出了一批反映新社会、新面貌的品牌，其命名和包装设计从不同方面记录了社会的变化，具有浓郁的时代气息，例如对科学技术和工业化的崇拜、对工农兵的歌颂、对世界的憧憬以及对传统文化艺术的欣赏等，题材多样，形式丰富，并主要以写实的手法，表现真实的工农生产场景。红色思想和政治元素在商品包装上随处可见，如商标上的红星、麦穗、镰刀、斧头等，还有“丰收”“丰产”“跃进”“工友”“巨轮”等具有工农特色的商标命名，包装色彩也开始以正红、正绿、正黄为主色调。



这一时期，各企业均处于社会主义改造时期，所以在许多工厂名称前添加了“公私合营”“地方国营”这种独具时代特色的前缀。此外，许多卷烟包装上面还出现了“注册商标”这四个字，可见这一时期的上海延续了民国时期对知识产权保护的意识，同样注重商标的保护。这些反映新社会与新面貌的图形体现了人民当家作主，积极参与社会主义工农业生产以及与世界各国人民友好交往的决心和热情。

## 三、商业文化

社会文化与人民群众的生产和生活息息相关，特点是由群众创造，具有显著的地方和民族特色。人们在普通的商业行为、消费行为中潜移默化地体验到文化的、审美的、心理的多元化影响。社会文化的需求会引导着包装的设计思路。在物质匮乏的时代，人们只看重商品的内在的价值，包装偏于简陋；在物质生活富足时，人们很容易就可以得到商品，就会选择那些包装设计精美的商品，这就需要设计者花费更多的心思去设计有吸引力的包装。

社会文化对包装设计的影响更多地体现在经济学的供求关系上，随着社会的发展人们对包装设计的要求会越来越高，只有被消费者认可的包装设计才能赢得发展的机会，才会有生存的空间。



包装设计是现代商业活动中最具有可视性文化特征的一部分，在整个商业活动中涉及许多具有文化性的方面，其中主要体现在与生产企业间、与消费者之间以及在应用方式上所表现出来的文化特征。商业文化是 20 世纪 80 年代后期提出的概念，它把文化和经济结合起来。商业文化就是把文化附加到商品上，根据消费者的需要设计产品。在商业文化的影响下，各种同类型的商品被放在一起，消费者在琳琅满目的货架前，很难注意到他不关注的商品。只有引起消费者注意的商品，消费者才会愿意去花时间来挑选购买。这就像一个人在寻找自己的伴侣，实际上在他脑海里预先通过期望已经勾画出了一个相对具体的形象，这个寻找过程实际就是一个用脑海中的形象与现实对象进行比对的过程，只有形象接近的才有可能进一步地发展关系。在进行包装设计时要考虑到消费者的需求，只有真正打动消费者的商品，才能赢得消费者的兴趣。消费者在对商品感兴趣后，才会去了解商品的信息。在消费者不了解商品质量的前提下，包装精美的商品更能打动消费者。广告宣传反复地强化商品在消费者大脑中的印象，造成好像是对这个商品很熟悉的错觉，也会给消费者一种想去尝试一下这种商品的冲动。如果消费者的体验和宣传的一样，消费者就会在心目中认可该商品，并且向自己的朋友推荐，商品就会赢得消费者的青睐。

进行商品包装设计时要考虑消费者的需求，定位消费群体，对于大部分消费者来说只有需要才会去购买。有美感的包装设计能够满足消费者对实用和美感的需求。随着经济的发展，人们的消费观念和审美观也在逐步发生变化，消费者对包装设计外观要求也越来越高。不仅如此，不同地区、不同文化背景、不同民族的审美观也有所差异，所以在包装设计时要考虑不同消费者的审美观。[1]



## 第三节 上海现代包装设计发展的原动力

1. 周进.包装设计新观点[M].南京：江苏美术出版社，1991：101.

1949 年以来设计原则和方针思想的变革主要可以分为两种向度。一种向度是文化性的，从“社会主义内容，民族形式”到“适用、经济、在可能条件下注意美观”再到“文艺革命”。另一种向度是物质性的，从“适用、经济、在可能条件下注意美观”到“多快好省”再到“设计革命”。两种向度受到政治和经济的影响而产生起落震荡，在“文化大革命”初期交汇融合为单一的政治向度“社会主义内容，民族形式”主要是照搬了斯大林时期苏联的社会主义文艺理论，在中国以挪用传统宫廷建筑语汇的“大屋顶”设计风格为代表，成为新中国成立之初到 50 年代设计的主要指导思想。1954 年底，苏联的领导人赫鲁晓夫提出批判复古主义设计倾向。在这样的背景下，1955 年也成为设计发展的分水岭。“大屋顶”遭到了批判，被认为是对“民族形式”的曲解，对民族形式的探索趋向于民间风格。1956 年开始，国务院正式确立新的设计原则——“适用、经济、在可能条件下注意美观”，并进行了全面阐述，这是我国首次独立提出设计原则与方针，综合了文化和物质两种向度，影响广泛而长久，也是上海现代包装设计发展的原动力。

## 一、外销市场的拓展

在很长一段时期内，国内市场消费品的短缺对企业的生产能力提出了很高的要求，在资源有限的情况下，优先要保证的是产量。上海商品又一直以优质美观著称，产品往往供不应求，所以在国内市场上的设计优势是比较明显的。在这样的情况下，激烈竞争的外销市场成为上海设计创新的主要驱动力之一。



20 世纪 60 年代初上海产品进入外销市场之后，直接面临欧美产品的巨大竞争压力。由于包装设计的粗陋，商品品质得不到体现，售价往往只有欧美同类产品的三分之一，甚至四分之一。由于 1960 年前后生活物质特别匮乏，当时要求商品包装要节俭。商品包装的风格是“力求坚固耐用，朴素、美观、大方”。面对被称为外贸出口行业的“一等产品，二等包装，三等价格”的困境，顾世朋、王纯言等一批年轻的上海设计师开始努力寻求国货在包装和品牌上的突破，他们为日后成为经典上海品牌的“美加净”和“大白兔”所作的创新设计集中体现了这一点。

20 世纪 60 年代，上海广告公司成为全国唯一的对外广告代理机构，展览设计和广告设计水平的提高为外贸进出口创造了有利条件。1960 年始，上海广告公司承担每年春秋两季广州出口商品交易会的设计布展业务。1963 年，上海广告公司直接承接了展出面积达 1 万平方米的日本工业展览会。同年，受中国对外贸易促进会上海分会的委托，该公司先后承办赴瑞典、卢森堡等的出国展览，成为上海出国展览设计布置的第一家公司。1966 年，又先后分赴民主德国、日本、巴基斯坦、印度尼西亚、科威特、叙利亚、摩洛哥、乌拉圭、意大利等 9 个国家举办 10 次展览会，取得较好效果。广告设计方面建立起了多样、完整的平面宣传形式，注重创意设计与实效性的结合（图 5.3.1[1]）。



以传统工艺美术为代表的出口产品在“文化大革命”前期受到很大的干扰，生产、管理、销售和研发遭到全面破坏。1971 年以后，以美国总统尼克松访华的契机，外贸出口迅速恢复，从中央到地方再度重视手工业、工艺美术以及出口产品包装装潢的重要性。1971 年的全国日用工业品座谈会、1972 年的全国出口商品工作会议都强调了发展工艺美术生产和加强出口的重要性。1972 年，国务

1. 图片来源：任美君提供。

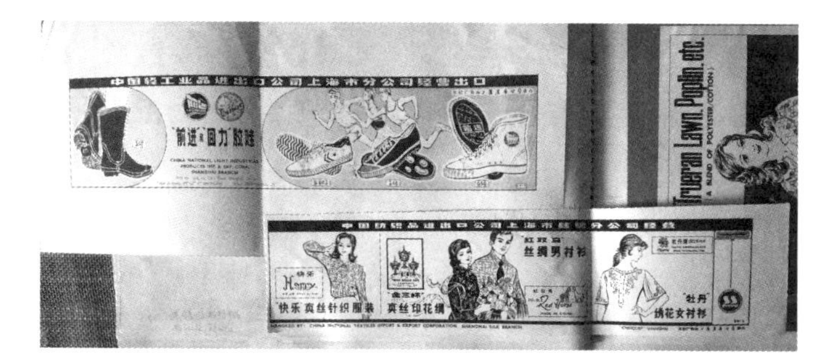


图 5.3.1　图上：20 世纪 70 年代中国第一张《文汇报》进出口广告，设计者：任美君，图下：20 世纪 70 年代中国第一张《解放日报》进出口广告，设计者：任美君

院在批转的全国包装工作会议的报告中，结合外贸情况，对出口商品包装设计作出“科学、经济、牢固、美观、适销”的要求。同年 3 月，根据周恩来“做好包装工作”的指示，外贸易部在上海召开全国出口商品包装装潢工作会议，同时举办了改进出口商品包装装潢对比展览会。同年，上海市对外贸易局成立包装广告组（处），1976 年开始，包装广告组开始编印《包装研究资料》（《上海包装》前身）。和内销相比，外贸出口由于直接面对国际竞争，对设计水准的要求较高，也给了设计师较多的创新空间。包装装潢方面根据国外市场的变化，不断改进创新，尤其是针对“超级市场”的销售新模式进行设计改良，大量采用透明塑料材质。设计造型上增加了吸塑包装、纸盒“开窗”、多种类型小包装、系列包装、实物摄影等新手法。1957 年，大白兔奶糖设计的条装包装赢得消费者的青睐，同时袋泡茶的设计和滤纸包装也大大增加了茶叶的销量。



## 二、建设方针的影响

新中国成立后，上海市人民政府走在全国前列积极恢复生产，发展社会主义经济，在工业方面，不仅没收了官僚资本企业，还建立了国营企业，并以恢复生产为主，主要发展轻工业，同时对资本主义工业实行了社会主义改造，在订货、包销等方面进行扩大，发展公私合营，对工商业进行了调整。

基于经济的恢复发展，上海市政府开始重视商品生产以及包装工作，利用本地造纸技术的优势，促进大型商品包装的纸质化，用纸箱逐步代替自然资源高消耗、成本高昂的木箱，一般日用品包装纸由于细土纸需求量过大，改用草纸。20 世纪 50 年代后期，随着新型设备以及材料制造工艺的引进，塑料吹膜等热固性塑料包装、玻璃瓶罐包装、玻璃纸包装等相继出现，印刷技术不断提升，印刷工业得到了良好的发展。1955 年，全国人民代表大会委员长刘少奇多次指出要把设计师“养起来”。他主张为了研究新的产品为社会主义服务，需要把一些会搞设计的人员用专一组织机构培养起来。1956 年 3 月，关于对工艺美术行业的指导意见，毛泽东主张我们中国共产党应该自己设立专门的培养机构，兴办学校。

20 世纪 60 年代初期，我国对外贸易主市场由于中苏之间的关系恶化而开始转向西方市场，同时也由于抗美援朝战争的结束，许多西方国家的商人要求与我国进行正常贸易。但是西方国家工业发达、消费水平高，我国原有的出口商品包装远远不能适应在资本主义市场遇到的竞争。我国以计划经济为主导的出口商品包装出现了诸多问题，诸如设计不符合西方文化和消费心理，缺乏美观和现代感，包装质量不过关导致商品的破损等问题。



为了满足海外市场的竞争需要，我国政府有关部门开始察觉到商品包装的重要性。为了改变包装设计落后面貌，提高出口商品包装水平，以适应国际市场的需要，从 1961 年起，我国先后成立了出口商品包装公司和研究所，专门负责出口商品包装的管理和科研工作。而且由外贸部主管纸张、木材、铁皮、铁腰子、棉布、麻布、麻袋、铁钉、铁丝及毛竹等 10 种出口商品包装材料的分配和供应，相应地在外贸部设立了中国对外贸易包装材料公司。1964 年，国家计委、国家经委和国务院财贸办公室作出决定，将原由外贸部主管的 10 种材料中的棉布、铁钉、铁丝、毛竹等材料由商业部主管；1965 年，木材又由国家物资部门主管。

有效的方针政策推动着上海艺术设计行业的发展，一时间文化、轻工业、出版和工艺美术相关的行业以及一些外贸部门陆续建立了自己的设计部门，上海最有名的三大设计公司是：上海美术设计公司、上海广告公司和上海市广告公司。这一时期出口食品相关的外贸由上海市外贸局管辖。1956 年，社会主义改造基本完成，计划经济体制形成，与之相适合的设计管理体制也形成了。这个时期上海的艺术设计人才为全国其他地区输送了专业的人才。



## 三、设计原则的确立

1964 年的“文艺革命”以“京剧革命”为先导和样板，使文艺创作和文艺事业全面意识形态化，“工农兵”和“样板戏”题材在工艺美术等设计领域大量出现。同年底掀起的一场“设计革命”运动，实际上是对“多快好省”的一种接续和呼应。

“社会主义内容，民族形式”来源自斯大林 20 世纪 20 年代提出的社会主义文化方针，是包括文学、美术、音乐在内的所有社会主义文化事业的发展方向，也是苏联的建筑设计理论。福柯（Michel Foucault）认为在特定历史时期，建筑设计扮演了重要的政治角色。[1] 斯大林时期的苏联建筑具有强烈的意识形态性，为了遵循“社会主义现实主义”的文艺创作理论，苏联建筑师们摒弃了布尔什维克革命后期构成主义设计风格的探索，转而从古典主义和文艺复兴建筑元素中寻找灵感，建筑形式往往体量宏大、气

1. 包亚明 . 后现代性与地理学政治［M］. 上海：上海教育出版社，2001：20.

势雄伟，装饰繁复华丽，力求直接和明显地表现社会主义时代的伟大、荣耀以及强有力的政治意志。1938 年毛泽东在《中国共产党在民族战争中的地位》指出，要按照中国的特点应用马克思主义，把马克思主义中国化，使之有中国风格和中国气派[1]。由此引发的关于“民族形式”的讨论在 20 世纪 30 年代末 40 年代初的中国文艺界曾轰动一时，其中最引人注目的争论围绕“民间形式”是否是民族形式的中心源泉展开。几乎所有的讨论者都认为民族形式并不是现成的形式，而应该是一种现代的、超越地方性的形式，是一种新的创制。“创造性”是“民族形式”的主要特征。[2]



20 世纪 50 年代，“社会主义内容，民族形式”的提法在建筑设计、工艺美术、染织服装、产品设计等领域具有广泛的影响，这实际上反映了一种社会主义体制下的民族主义价值观。关于“民族形式”的理解一般有宫廷风格、民间风格和现代风格三种方向，相互之间也有很多争论。1956 年，毛泽东在与音乐工作者的谈话中又一次回应了他在 20 世纪 30 年代末关于“民族形式”的看法，提出“创造出中国自己的、有独特的民族风格的东西”，这使“民族形式”的探索得以进一步深化。

1. 毛泽东 . 中国共产党在民族战争中的地位［C］// 毛泽东选集第 2 卷 . 北京：人民出版社，1952：522—523.

2. 汪晖 . 现代中国思想的兴起（下）［M］. 北京：生活·读书·新知三联书店，2004：1498.

“适用、经济、在可能条件下注意美观”的设计原则在综合文化和物质两种向度的同时，在词语排序上更倾向于肯定后者，也就是突出设计的功能价值和经济价值。“大跃进”期间，强调物质向度的“多、快、好、省”成为主导性的社会主义建设方针，超常规和非理性的发展模式最终使国民经济陷入极端困窘。于是，“适用、经济、美观”在 20 世纪 60 年代初的几年里获得高度重视。

“适用、经济、美观”是这个阶段最主流的设计观念，围绕实用美术的设计批评和学术讨论也前所未有地活跃。在频繁举行的各类座谈会上，与会者深入探讨设计与生产、装饰与实用、继承与创新等问题，报章上也常刊登设计批评文章，值得注意的是，“适用”始终是最重要的设计评价标准。

1963 年，上海日用品美术设计展举行之际，《新民晚报》上的一篇评论强调“以适用为先”，不能操之过急，并举例说碗的设计“如果从外形设计美观与否出发，碗底宜浅不宜深，而从实用出发，正好相反”。1964 年《新民晚报》关于上海日用品美术设计展的评论继续强调要“从适用出发”，上海冠生园糖果厂出品的“字母积木糖”等包装都是充分考虑实用目的的设计作品。

# 总　结

1949—1978 年的上海包装设计的发展进程，基本处于从手工艺设计到工业化设计的转型期。由于上海的设计基础和工业水平在全国居于前列，所以最具代表性。受到指导方针的影响，继承与创新、内需和外销、艺术价值与生产水平等方面呈现多元互动、矛盾相间的局面，这也是本研究在以上阶段性历史考察的过程中力求诠释的部分。基于上海包装设计对上海设计的影响，在本研究中未来有两个延续的方向，一个是纵向的还原，从现代性的角度梳理和整合 20 世纪的上海包装设计遗产；另一个是横向的叙述，在综合各地史料的基础上，撰写一部更为全面和客观的新中国包装设计史。所以，在本研究的结论里希望能够从历史痕迹的再现中对上海包装设计发展的主体特征以及一些本源性、结构性的影响要素进行诠释，从意识形态、经济体制和生活方式中寻找上海包装设计社会变革的深层动因。

新中国前 30 年是上海包装设计自民国时期到现当代之间发展的重要过渡阶段。虽然由于政策、社会和经济等原因导致当时的包装设计在水平上并无明显进步，相反可能还有一定的倒退，但对于中国现代设计史而言，是必不可少的重要片段。另外，从商业转向政治也是这一时期上海包装设计主要显现的特征之一，在一定层面也得到了很好的发展，且逐渐形成了一定的艺术风格和特色。



“重商崇洋”的上海城市土壤催生了坚实、开放的工商业基础和以中产阶级为主体的生活方式，并在此基础上孕育出了融汇中西、雅俗共赏的海派文化。上海包装设计是这一独特有力的海派文化的重要分支。不容忽视的是，20 世纪初上海包装设计的形成过程与民族资产阶级的滋生发展紧密相连，故而在抵制帝国主义的经济侵略、促进民族工商业发展、提倡国货消费理念等方面起到了推波助澜的社会效用。上海包装设计也因此呈现出兼收并蓄、开放创新的主体特征，这一表象背后是消费主义和民族主义杂糅的内核。对这一特征的认识是至关重要的，因为仅有商业性、消费性的一面无法解释上海包装设计在 1949—1978 年间所取得的发展成就。

近代上海包装设计水平、产业基础和人才储备都在全国首屈一指，在商业设计中曾涌现出蔚为壮观、交互辉映的文化脉流，1949 年新中国成立以后仍余响不绝。但新中国成立后的上海包装设计伴随城市职能的转变开始进入转型期，其商业性、市民性的消费主义的一面渐趋衰败，欧美的影响也被苏联所代替。但与此同时，富有生命力的上海包装设计在海派设计的庇护下，强韧的生命力并没有在政治动荡的漩涡中被完全摧毁，民族主义的内核在多元共存和矛盾相间的发展历程中得到意识形态的强化，在艰难困顿的环境中继续发出敢为人先、求新图变的设计能量，自主创新的设计理念、美观优质的设计产品始终辐射全国、影响全国、引领全国，甚至走向国际。上海包装设计的发展依附于国家命运的前行，包装设计、材料、印刷和制造在全国范围内始终保持领先地位，并走上了一条自主探索民族特色的设计道路。随着社会主义工业体系的初步建立，以轻工业为核心的产品设计又引领全国，聚集了新的产业优势。上海包装设计利用对外贸易的有限空间与国际市场形成了隔而不绝的联系。

# 参考文献

## 一、 外国著作

[1] 康威 . 设计史 [M] . 邹其昌，译 . 北京：高等教育出版社，2007.

[2] 伍德姆 .20 世纪的设计 [M] . 周博，沈莹，译 . 上海：上海人民出版社，2012.

[3] 瓦伦廷 . 包装沟通设计 [M] . 刘敏，刘乔，译 . 北京：北京大学出版社，2013.

[4] 日经设计品牌提升委员会 . 精益制造 023：畅销品包装设计 [M] . 刘波，译 . 北京：东方出版社，2013.

[5] 佩夫斯纳 . 现代设计的先驱者——从威廉 · 莫里斯到格罗皮乌斯 [M] . 王申祜，王晓京，译 . 北京：中国建筑工业出版社，2004.

[6] 雅诺什 · 科尔奈 . 社会主义体制：共产主义政治经济学 [M] . 张安，译 . 北京：中央编译出版社，2007.

## 二、 中文著作

[1] 王询，于秋华 . 中国近现代经济史 [M] . 大连：东北财经大学出版社，2004.

[2] 王受之 . 世界平面设计史 [M] . 北京：中国青年出版社，2018.

[3] 熊月之 . 上海通史（第 1 卷）[M] . 上海：上海人民出版社，1999.

[4] 蔡振华 . 蔡振华艺术集 [M] . 上海：上海人民美术出版社，2008.

[5] 吕澎 .20 世纪中国艺术史（下）[M] . 北京：北京大

学出版社，2007.
[ 6 ] 毛经权 . 徐百益广告文选（未刊本）[ M ] . 上海市广告协会 .
[ 7 ] 刘崇文，陈绍畴 . 刘少奇年谱（1898—1969）下卷 [ M ] . 北京：中央文献出版社，1996.
[ 8 ] 徐昌酩 . 上海美术志 [ M ] . 上海：上海书画出版社，2004.
[ 9 ] 上海二轻工业志编纂委员会 . 上海二轻工业志 [ M ] . 上海：上海社会科学院出版社，1997.
[ 10 ] 上海对外经济贸易志编纂委员会 . 上海对外经济贸易志 [ M ] . 上海：上海社会科学院出版社，2001.

[ 11 ] 上海日用工业品商业志编纂委员会 . 上海日用工业品商业志 [ M ] . 上海：上海社会科学院出版社，1999.
[ 12 ] 轻工业部政策研究室 . 新中国轻工业三十年（上）[ M ] . 北京：轻工业出版社，1981.
[ 13 ] 邱瑞敏 . 世纪空间：上海市美术专科学校校史（1959—1983）[ M ] . 上海：上海大学出版社，2004.
[ 14 ] 祝兆松 . 上海计划志 [ M ] . 上海：上海社会科学院出版社，2001.
[ 15 ] 唐振常 . 上海史 [ M ] . 上海：上海人民出版社，1989.
[ 16 ] 赵崎，等 . 全国工艺美术展览资料汇编 [ Z ] . 内部资料，1978.
[ 17 ] 杨东平 . 城市季风 [ M ] . 北京：新星出版社，2006.
[ 18 ] 陈伯海 . 上海文化通史 · 下 [ M ] . 上海：上海文艺出版社，2001.
[ 19 ] 王垂芳 . 上海对外经济贸易志 · 下 [ M ] . 上海：上海社会科学院出版社，2001.
[ 20 ] 陈明远 . 知识分子与人民币时代 [ M ] . 上海：文汇

出版社，2006.
[ 21 ] 凌志军 . 历史不再徘徊 [ M ] . 北京：人民日报出版社，2008.
[ 22 ] 贺贤稷 . 上海轻工业志 [ M ] . 上海：上海社会科学院出版社，1996.
[ 23 ] 王个簃 . 王个簃随想录 [ M ] . 上海：上海书画出版社，1982.
[ 24 ] 白颖 . 中国包装史略 [ M ] . 北京：新华出版社，1987.
[ 25 ] 薛扬 . 芬芳如花：黄菊芬绘画研究 [ M ] . 南宁：广西美术出版社，2014.
[ 26 ] 陆江 . 中国包装发展四十年（1949—1989）[ M ] . 北京：中国物资出版社，1991.
[ 27 ] 沈榆，魏劭农 . 中国工业设计研究文集——1949—1979 中国工业设计珍藏档案（增订本）[ M ] . 上海：上海人民美术出版社，2019.
[ 28 ] 马东岐，康为民 . 中华商标与文化 [ M ] . 北京：中国文史出版社，2007.
[ 29 ] 中国科学院上海经济研究所，上海社会科学院经济研究所 . 南洋兄弟烟草公司史料 [ M ] . 上海：上海人民出版社，1958.
[ 30 ] 陈湘波，许平 .20 世纪中国平面设计文献集 [ M ] . 南宁：广西美术出版社，2012.
[ 31 ] 郑立君 . 场景与图像 20 世纪的中国招贴艺术 [ M ] . 重庆：重庆大学出版社，2007.
[ 32 ] 周进 . 包装设计新观点 [ M ] . 南京：江苏美术出版社，1991.
[ 33 ] 包亚明 . 后现代性与地理学政治 [ M ] . 上海：上海教育出版社，2001.

[34]汪晖.现代中国思想的兴起(下)[M].北京:三联书店,2004.
[35]徐蔚南.中国美术工艺[M].上海:中华书局,1940.

## 三、文集

[1]徐悲鸿.新艺术之回顾与瞻望[C]//悲鸿随笔.江苏:江苏文艺出版社,2007.
[2]建国以来重要文献选编(第一册)[C].北京:中央文献出版社,1992.
[3]何镇强.第一课[C]//中央工艺美术学院艺术设计论集.北京:北京工艺美术出版社,1996.
[4]毛泽东.中国共产党在民族战争中的地位[C]//毛泽东选集(第2卷).北京:人民出版社,1952.



## 四、论文

[1]逄锦聚.辉煌的成就宝贵的经验——新中国经济50年的回顾与展望[J].南开学报(哲学社会科学版),1999(6).
[2]蔡若虹.关于新年画的创作内容[J].美术,1950(2).
[3]戴文.浅析建国以来我国包装印刷工业演变历程与发展特征[J].大众文艺,2017(21).
[4]谭俊峤.建国后我国包装印刷工业发展历程[J].印刷工业,2009(9).
[5]宋庆贵."大跃进"运动中的技术革命评析[J].哈尔滨工业大学学报,2005(3).
[6]从印染业一个新品种的设计谈起[J].解放,1959(7).
[7]上海中国画界倡议中国画结合工艺美术[J].美术,

1958（4）.
[8]程十发.我们描绘生活也打扮生活[J].东风，1958（1）.
[9]雷圭元.从全国工艺美术展览谈到新中国工艺美术的风格问题[J].装饰，1960（1）.
[10]高锦明.上海工艺美术家讨论日用工业品包装设计的民族风格等问题[J].美术，1961（4）.
[11]王栋.利用木柴盒包装注射剂[J].中国药学杂志，1959（7）.
[12]徐文桂.利用旧纸袋节约包装用纸一千二百五十吨[J].建筑材料工业，1959（5）.
[13]犁霜.上海分会讨论实用美术设计问题[J].美术，1963（1）.
[14]韩虞梅，韩笑.新中国包装事业发展60年回顾[J].包装工程，2009（10）.
[15]谢琪.湖南当代包装设计发展回顾[J].湖南包装，2012（4）.
[16]章文.艰辛创业的五十年　辉煌发展的五十年[J].包装世界，1999（6）.
[17]欧阳湘."文革"动乱和极左路线对广交会的干扰与破坏：兼论"文革"时期国民经济状况的评价问题[J].红广角，2013（4）.
[18]胡建华.周恩来与文革中的外贸工作[J].纵横，1998（8）.
[19]孟红.中国第一展广交会的沧桑巨变[J].文史春秋，2010（2）.
[20]张可扬，梁瑞.永远的现实主义——俄罗斯绘画艺术教育与中国之比较[J].内蒙古师范大学学报，2006（3）.

[ 21 ] Candace Ellicott, Sarah Roncarelli. Packaging Essentials: 100 Design Principles for Creating Packages (Design Essentials). Rockport Publishers, 2010.6.
[ 22 ] Gavin Ambrose, Paul Harris. Packaging the Brand: The Relationship Between Packaging Design and Brand Identity, AVA Publishing, 2011.5.
[ 23 ] Luke Herriot. The Designer's Packaging Bible: Creative Solutions for Outstanding Design, Rotovision. 2007.9.
[ 24 ] Rachel Wiles. Handmade Packaging Workshop: Tips, Tools & Techniques for Creating Custom Bags, Boxes and Containers. HOW Books, 2012.8.



## 五、 学位论文

[ 1 ] 林皎皎 . 家具绿色包装体系的研究 [ D ] . 南京：南京林业大学，2007.
[ 2 ] 许超 . 现代包装设计尺度论 [ D ] . 北京：中国艺术研究院，2008.
[ 3 ] 孙绍君 . 百年中国品牌视觉形象设计研究 [ D ] . 苏州：苏州大学，2013.

## 六、档案

[ 1 ] 上海市广告商业同业公会筹备会填报的成立日期基本情况表 [ R ] . 上海：上海市档案馆 .C48-2187-85.
[ 2 ] 上海市广告商业同业公会筹备会关于报送成立大会经过并附工作总结报告、章程、执监委员选举办法及当选执监委员名单请予察核并转呈工商局备案的函 [ R ] . 上海：

上海市档案馆 .C48-2-202-75.
[ 3 ] 上海市广告商业同业公会工作报告 [ R ] . 上海：上海市档案馆 .S107-3-1.
[ 4 ] 上海市广告商业同业公会关于启用新章经济改组调整专门委员会委员名单以及对工商联若干组织问题的意见 [ R ] . 上海：上海市档案馆 .S315-4-5.
[ 5 ] 上海美术设计公司布置工场的先进事迹 [ R ] . 上海：上海市档案馆 .B172-5-381-161.
[ 6 ] 上海美术设计公司工商美术作品观摩会计划 [ R ] . 上海：上海市档案馆 .B172-5-433-134.
[ 7 ] 上海市广告商业同业公会关于上海市广告业经济改组的工作方案 [ R ] . 上海：上海档案馆 .123-3-391.
[ 8 ] 上海市第一商业局、市百货、煤建、交电等公司吸收社会人员工作报商业一局的来往文书 [ R ] . 上海：上海档案馆，B123-3-175.
[ 9 ] 上海市文化局关于一年来上海美术工作的报告 [ R ] . 上海：上海档案馆 .B172-1-74-46.
[ 10 ] 上海市文化局关于上海美术工作队伍的基本情况及加强美术工作领导的请示报告 [ R ] . 上海：上海档案馆 .B172-5-242.
[ 11 ] 上海市轻工业局关于上海市轻工业学校专业设置方向和 1960 年招生名额分配的通知 [ R ] . 上海：上海档案馆 .B163-2-1008-25.
[ 12 ] 上海轻工业专科学校关于申请分配高中毕业生 20 名满足高专造型美术专业需要的请示 [ R ] . 上海：上海档案馆 .B172-5-604-10.
[ 13 ] 关于新设美术造型设计专业（暂定名称）几项工作的请示报告 [ R ] . 上海：上海档案馆 .2.B163-2-1008-37.
[ 14 ] 上海市轻工业学校关于报送职工名册的报告 [ R ] .

上海：上海档案馆 .1.B163-1-1036-9.
[ 15 ] 上海市轻工业局关于产品美术设计工作的管理情况 [ R ] . 上海：上海档案馆 .7.B163-2-18191.
[ 16 ] 上海市手工业管理局关于上海市工艺美术学校精简压缩方案 [ R ] . 上海：上海档案馆 .6.B24-2-71-182.
[ 17 ] 上海市第一商业局、市百货、煤建、交电等公司吸收社会人员工作报商业一局的来往文书 [ R ] . 上海：上海档案馆 .B123-3-175.
[ 18 ] 中共上海市广告公司总支委员会关于广告美术合作加工场由计件工资改为固定工资的报告 [ R ] . 上海：上海档案馆 .B123-6-575-62.
[ 19 ] 上海贸信公司关于广告调网方案及经济改组工作的来往文书 [ R ] . 上海：上海档案馆 .B123-3-391.
[ 20 ] 上海市贸信公司关于广告调网方案及对经济改组工作的来往文书 [ R ] . 上海：上海档案馆 .B123-3-391.
[ 21 ] 报请与有关部门研究劝止刊登征求商标等图案广告的情况报告 [ R ] . 上海：上海档案馆 .B123-5-1719-41.
[ 22 ] 上海市文化局关于实用美术设计人员缺少问题的请示 [ R ] . 上海：上海档案馆 .8.B172-4-472-47.
[ 24 ] 上海市文化局关于美术专科学校工作、年度计划、美术、舞蹈、学校改制请示报告及处理意见等文件 [ R ] . 上海：上海档案馆 .A22-2-951.
[ 25 ] 上海市轻工业局关于拟办上海工艺美术专科学校的请示 [ R ] . 上海：上海档案馆 .B243-1-193-147.
[ 26 ] 上海市纸盒工业同业公会 1955 年度报表 [ R ] . 上海：上海市档案馆 .S107-4-71.
[ 27 ] 一九五四年上海纸盒工业同业公会会员业务概况 [ R ] . 上海：上海档案馆 .S107-4-3.
[ 28 ] 上海市纸盒工业同业公会历史沿革 [ R ] . 上海：上

海档案馆 .S107-3-1.
[ 29 ] 上海市总工会党组关于工人劳保和工资福利方面的调查材料向市委的报告 [ R ] . 上海：上海档案馆 .C1-1-106.
[ 30 ] 中国广告公司上海公司讨论第八届全国商业厅局长会议精神汇报 [ R ] . 上海：上海档案馆 .9.B123-3-881-61.
[ 31 ] 自行车产品质量技术鉴定检验规范 [ R ] . 上海：上海档案馆 .4.B155-1-188.
[ 32 ] 上海市对外贸易局关于二年来新型包装材料工作及 1965 年出口商品包装装潢工作总结 [ R ] . 上海：上海市档案馆 .B170-2-1590.
[ 33 ] 关于内销日用工业品品种问题的检查报告 [ R ] . 上海上海档案馆 .B246-1-324-74.
[ 34 ] 李先念副总理接见交易会同志时的读话 [ R ] . 广州：广东省档案馆藏 .10.324-2-114.



## 七、报纸

[ 1 ] 出口搪瓷器皿设计画稿及参考资料 [ N ] . 新民晚报，1958-06-29 ( 4 ) .
[ 2 ] 美丽的设想 [ N ] . 新民晚报，1962-04-01 ( 1 ) .
[ 3 ] 手帕花样 [ N ] . 新民晚报，1961-08-28 ( 2 ) .
[ 4 ] 解放大上海的经济意义 [ N ] . 人民日报，1949-05-07 ( 1 ) .
[ 5 ] 上海成立国画艺术合作社 [ N ] . 文汇报，1957-02-27 ( 2 ) .
[ 6 ] 为搪瓷器皿设计精美图案 [ N ] . 文汇报，1958-03-27 ( 2 ) .
[ 7 ] 佚名 . 搪瓷用品新打扮 [ N ] . 新民晚报，1960-01-02 ( 4 ) .

[8]抓革命，促生产[N].人民日报，1965-09-30(1).
[9]陈阳.做中国喜文化的传承者[N].中国现代企业报，2008-02-05(A04).

八、网址

[1] https://medium.com/digital-packaging-experiences/the-evolution-of-packaging-57259054792d.
[2] https://www.997788.com/pr/detail_auction_495_31314500.html.
[3] https://www.997788.com/pr/detail_149_88766961.html.
[4] https://www.997788.com/pr/detail_3046_74242127.html.
[5] http://www.shtong.gov.cn/Newsite/node2/node82538/node84939/node84942/node84972/node84974/userobject1ai87026.html.
[6] http://www.shtong.gov.cn/dfz_web/DFZ/Info?idnode=68994&tableName=userobject1a&id=66883.

# 附录一：近现代上海包装企业沿革统计

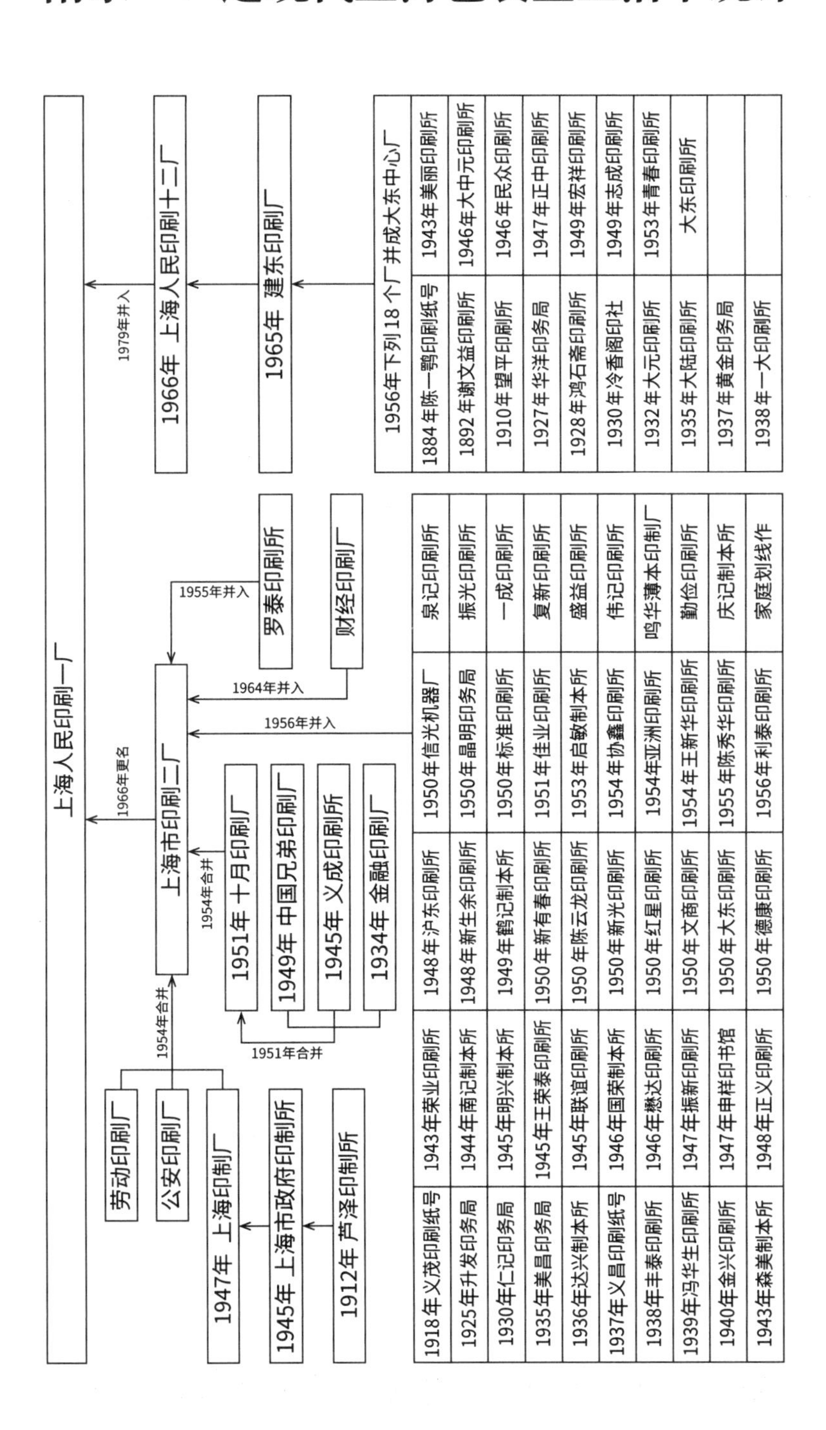

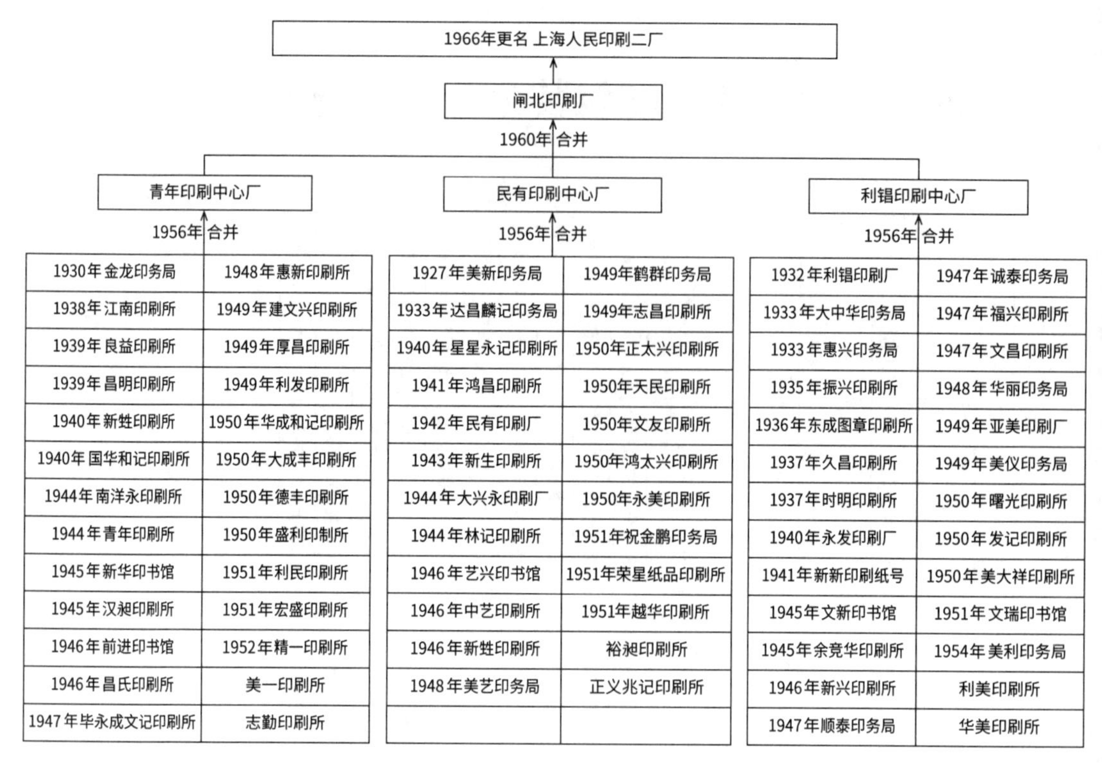
1966年更名 上海人民印刷二厂
闸北印刷厂
1960年 合并
青年印刷中心厂
民有印刷中心厂
利锠印刷中心厂
1956年 合并
1930年金龙印务局
1948年惠新印刷所
1938年江南印刷所
1949年建文兴印刷所
1939年良益印刷所
1949年厚昌印刷所
1939年昌明印刷所
1949年利发印刷所
1940年新甡印刷所
1950年华成和记印刷所
1940年国华和记印刷所
1950年大成丰印刷所
1944年南洋永印刷所
1950年德丰印刷所
1944年青年印刷所
1950年盛利印制所
1945年新华印书馆
1951年利民印刷所
1945年汉昶印刷所
1951年宏盛印刷所
1946年前进印书馆
1952年精一印刷所
1946年昌氏印刷所
美一印刷所
1947年毕永成文记印刷所
志勤印刷所
1956年 合并
1927年美新印务局
1949年鹤群印务局
1933年达昌麟记印务局
1949年志昌印刷所
1940年星星永记印刷所
1950年正太兴印刷所
1941年鸿昌印刷所
1950年天民印刷所
1942年民有印刷厂
1950年文友印刷所
1943年新生印刷所
1950年鸿太兴印刷所
1944年大兴永印刷厂
1950年永美印刷所
1944年林记印刷所
1951年祝金鹏印务局
1946年艺兴印书馆
1951年荣星纸品印刷所
1946年中艺印刷所
1951年越华印刷所
1946年新甡印刷所
裕昶印刷所
1948年美艺印务局
正义兆记印刷所
1956年 合并
1932年利锠印刷厂
1947年诚泰印务局
1933年大中华印务局
1947年福兴印刷所
1933年惠兴印务局
1947年文昌印刷所
1935年振兴印刷所
1948年华丽印务局
1936年东成图章印刷所
1949年亚美印刷厂
1937年久昌印刷所
1949年美仪印务局
1937年时明印刷所
1950年曙光印刷所
1940年永发印刷厂
1950年发记印刷所
1941年新新印刷纸号
1950年美大祥印刷所
1945年文新印书馆
1951年文瑞印书馆
1945年余竞华印刷所
1954年美利印务局
1946年新兴印刷所
利美印刷所
1947年顺泰印务局
华美印刷所

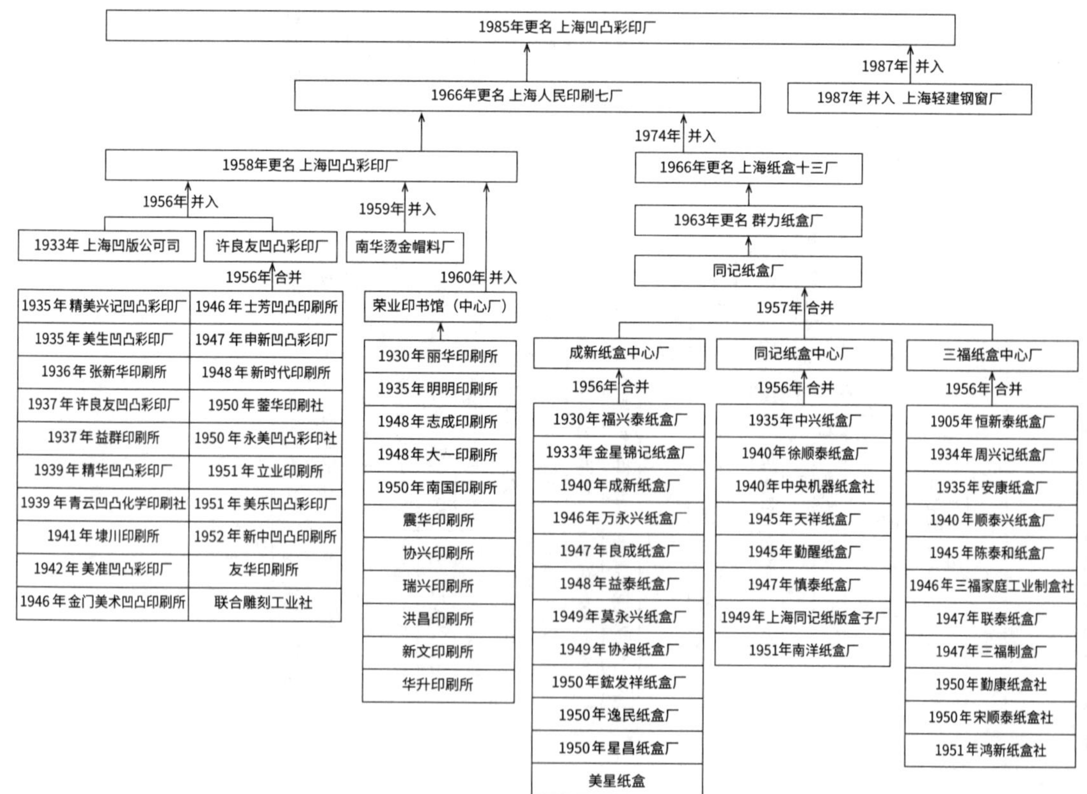
1985年更名 上海凹凸彩印厂
1987年 并入
1987年 并入 上海轻建钢窗厂
1966年更名 上海人民印刷七厂
1974年 并入
1958年更名 上海凹凸彩印厂
1956年 并入
1933年 上海凹版公可司
许良友凹凸彩印厂
1959年 并入
南华烫金帽料厂
1960年 并入
1956年 合并
1935年精美兴记凹凸彩印厂
1946年士芳凹凸印刷所
1935年美生凹凸彩印厂
1947年申新凹凸彩印厂
1936年张新华印刷所
1948年新时代印刷所
1937年许良友凹凸彩印厂
1950年蓥华印刷社
1937年益群印刷所
1950年永美凹凸彩印社
1939年精华凹凸彩印厂
1951年立业印刷所
1939年青云凹凸化学印刷社
1951年美乐凹凸彩印厂
1941年埭川印刷所
1952年新中凹凸印刷所
1942年美准凹凸彩印厂
友华印刷所
1946年金门美术凹凸印刷所
联合雕刻工业社
荣业印书馆（中心厂）
1930年丽华印刷所
1935年明明印刷所
1948年志成印刷所
1948年大一印刷所
1950年南国印刷所
震华印刷所
协兴印刷所
瑞兴印刷所
洪昌印刷所
新文印刷所
华升印刷所
1966年更名 上海纸盒十三厂
1963年更名 群力纸盒厂
同记纸盒厂
1957年 合并
成新纸盒中心厂
同记纸盒中心厂
三福纸盒中心厂
1956年 合并
1930年福兴泰纸盒厂
1933年金星锦记纸盒厂
1940年成新纸盒厂
1946年万永兴纸盒厂
1947年良成纸盒厂
1948年益泰纸盒厂
1949年莫永兴纸盒厂
1949年协昶纸盒厂
1950年鋐发祥纸盒厂
1950年逸民纸盒厂
1950年星昌纸盒厂
美星纸盒
1956年 合并
1935年中兴纸盒厂
1940年徐顺泰纸盒厂
1940年中央机器纸盒社
1945年天祥纸盒厂
1945年勤醒纸盒厂
1947年慎泰纸盒厂
1949年上海同记纸版盒子厂
1951年南洋纸盒厂
1956年 合并
1905年恒新泰纸盒厂
1934年周兴记纸盒厂
1935年安康纸盒厂
1940年顺泰兴纸盒厂
1945年陈泰和纸盒厂
1946年三福家庭工业制盒社
1947年联泰纸盒厂
1947年三福制盒厂
1950年勤康纸盒社
1950年宋顺泰纸盒社
1951年鸿新纸盒社

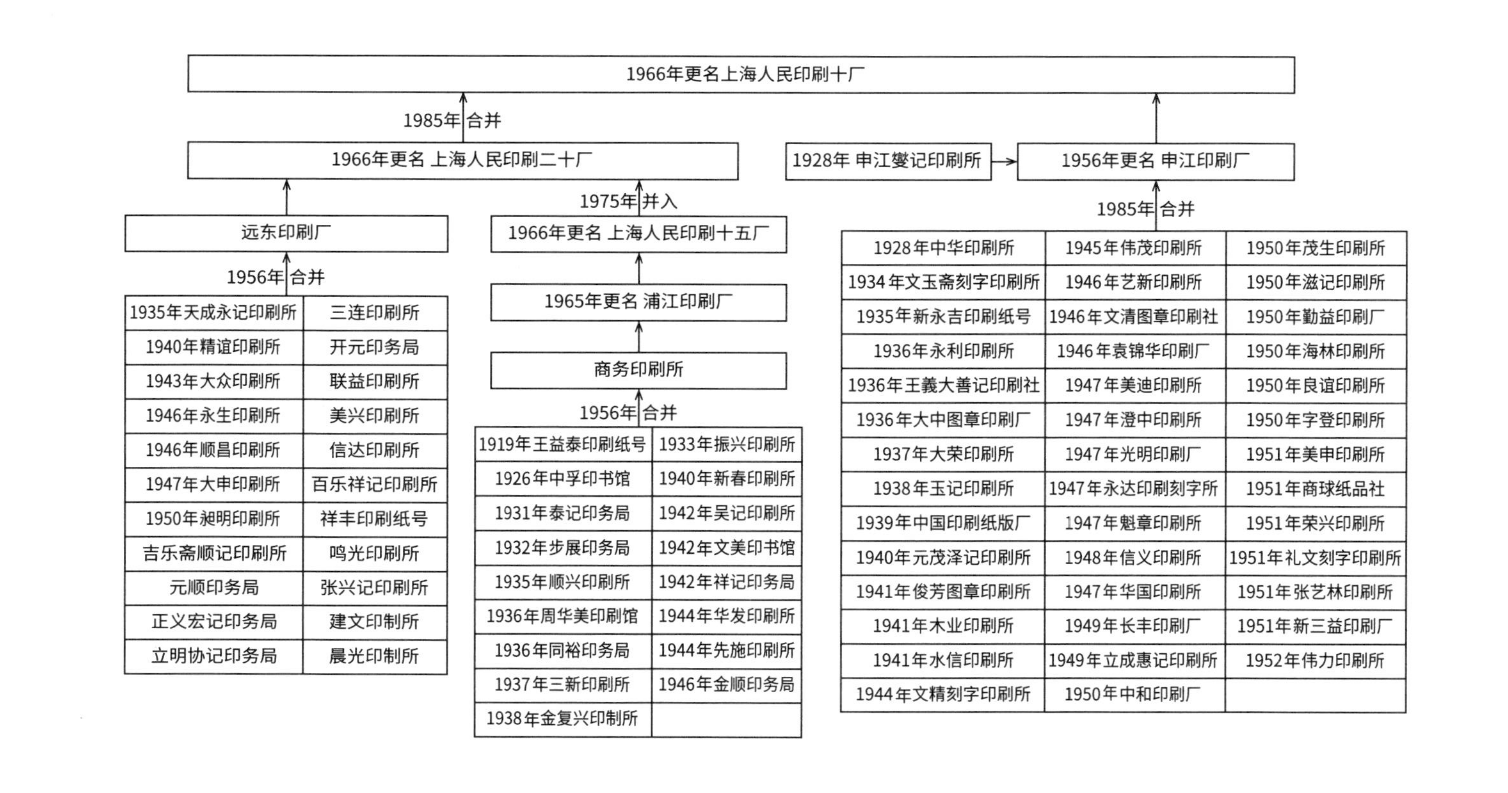
1966年更名上海人民印刷十厂
1985年 合并
1966年更名 上海人民印刷二十厂
1928年 申江孌记印刷所
1956年更名 申江印刷厂
1975年 并入
1985年 合并
远东印刷厂
1966年更名 上海人民印刷十五厂
1956年 合并
1965年更名 浦江印刷厂
商务印刷所
1956年 合并
1935年天成永记印刷所
三连印刷所
1940年精谊印刷所
开元印务局
1943年大众印刷所
联益印刷所
1946年永生印刷所
美兴印刷所
1946年顺昌印刷所
信达印刷所
1947年大申印刷所
百乐祥记印刷所
1950年昶明印刷所
祥丰印刷纸号
吉乐斋顺记印刷所
鸣光印刷所
元顺印务局
张兴记印刷所
正义宏记印务局
建文印制所
立明协记印务局
晨光印制所
1919年王益泰印刷纸号
1933年振兴印刷所
1926年中孚印书馆
1940年新春印刷所
1931年泰记印务局
1942年吴记印刷所
1932年步展印务局
1942年文美印书馆
1935年顺兴印刷所
1942年祥记印务局
1936年周华美印刷馆
1944年华发印刷所
1936年同裕印务局
1944年先施印刷所
1937年三新印刷所
1946年金顺印务局
1938年金复兴印制所
1928年中华印刷所
1945年伟茂印刷所
1950年茂生印刷所
1934年文玉斋刻字印刷所
1946年艺新印刷所
1950年滋记印刷所
1935年新永吉印刷纸号
1946年文清图章印刷社
1950年勤益印刷厂
1936年永利印刷所
1946年袁锦华印刷厂
1950年海林印刷所
1936年王義大善记印刷社
1947年美迪印刷所
1950年良谊印刷所
1936年大中图章印刷厂
1947年澄中印刷所
1950年字登印刷所
1937年大荣印刷所
1947年光明印刷厂
1951年美申印刷所
1938年玉记印刷所
1947年永达印刷刻字所
1951年商球纸品社
1939年中国印刷纸版厂
1947年魁章印刷所
1951年荣兴印刷所
1940年元茂泽记印刷所
1948年信义印刷所
1951年礼文刻字印刷所
1941年俊芳图章印刷所
1947年华国印刷所
1951年张艺林印刷所
1941年木业印刷所
1949年长丰印刷厂
1951年新三益印刷厂
1941年水信印刷所
1949年立成惠记印刷所
1952年伟力印刷所
1944年文精刻字印刷所
1950年中和印刷厂

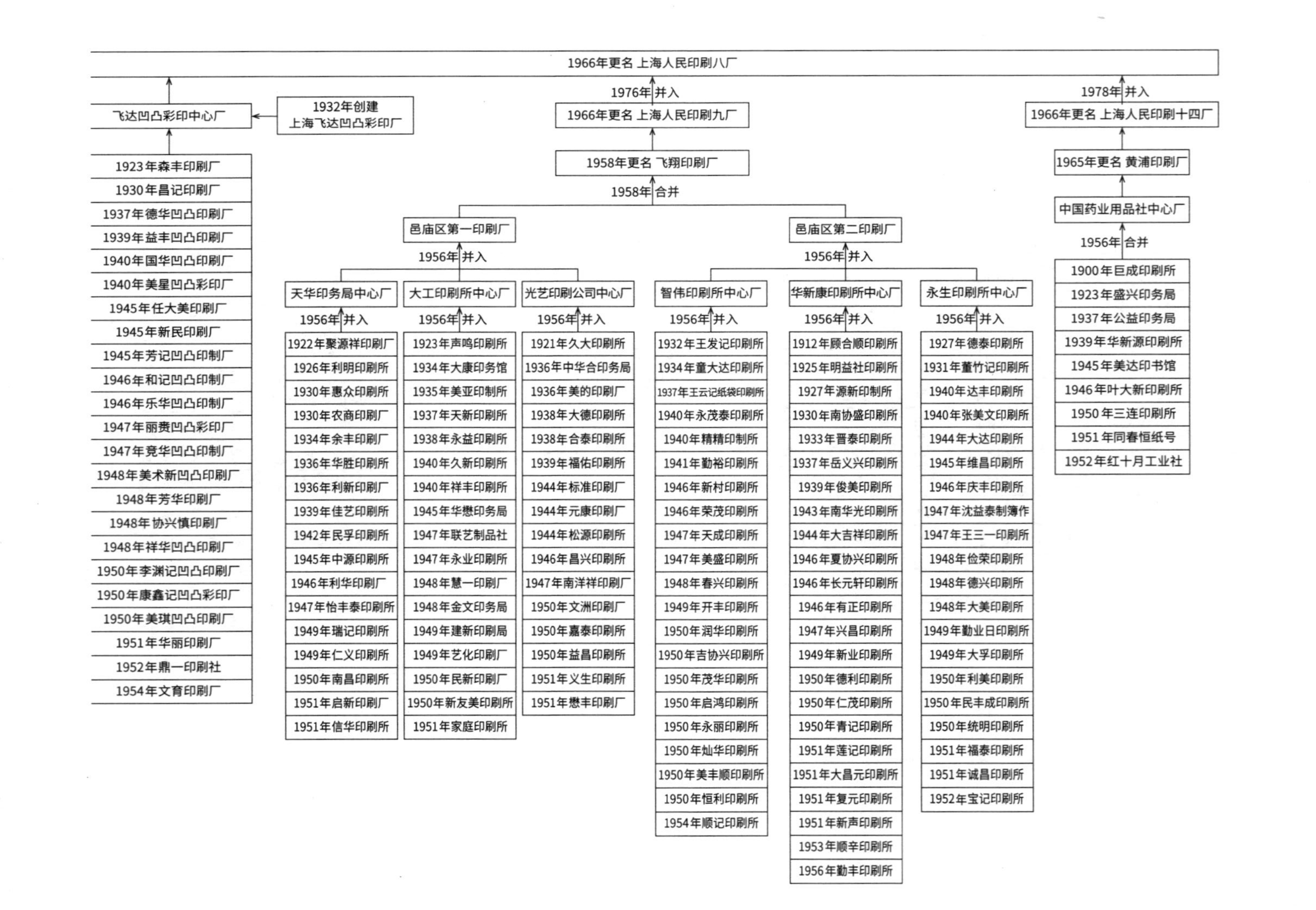
1966年更名 上海人民印刷八厂
飞达凹凸彩印中心厂
1932年创建
上海飞达凹凸彩印厂
1923年森丰印刷厂
1930年昌记印刷厂
1937年德华凹凸印刷厂
1939年益丰凹凸印刷厂
1940年国华凹凸印刷厂
1940年美星凹凸彩印厂
1945年任大美印刷厂
1945年新民印刷厂
1945年芳记凹凸印制厂
1946年和记凹凸印制厂
1946年乐华凹凸印制厂
1947年丽赉凹凸彩印厂
1947年竞华凹凸印制厂
1948年美术新凹凸印刷厂
1948年芳华印刷厂
1948年协兴慎印刷厂
1948年祥华凹凸印刷厂
1950年李渊记凹凸印刷厂
1950年康鑫记凹凸彩印厂
1950年美琪凹凸印刷厂
1951年华丽印刷厂
1952年鼎一印刷社
1954年文育印刷厂
1976年 并入
1966年更名 上海人民印刷九厂
1958年更名 飞翔印刷厂
1958年 合并
邑庙区第一印刷厂
1956年 并入
天华印务局中心厂
1956年 并入
1922年聚源祥印刷厂
1926年利明印刷所
1930年惠众印刷所
1930年农商印刷厂
1934年余丰印刷厂
1936年华胜印刷所
1936年利新印刷厂
1939年佳艺印刷所
1942年民孚印刷所
1945年中源印刷所
1946年利华印刷厂
1947年怡丰泰印刷所
1949年瑞记印刷所
1949年仁义印刷所
1950年南昌印刷所
1951年启新印刷厂
1951年信华印刷所
大工印刷所中心厂
1956年 并入
1923年声鸣印刷所
1934年大康印务馆
1935年美亚印制所
1937年天新印刷所
1938年永益印刷所
1940年久新印刷所
1940年祥丰印刷所
1945年华懋印务局
1947年联艺制品社
1947年永业印刷所
1948年慧一印刷厂
1948年金文印务局
1949年建新印刷局
1949年艺化印刷厂
1950年民新印刷厂
1950年新友美印刷所
1951年家庭印刷所
光艺印刷公司中心厂
1956年 并入
1921年久大印刷所
1936年中华合印务局
1936年美的印刷厂
1938年大德印刷所
1938年合泰印刷所
1939年福佑印刷所
1944年标准印刷厂
1944年元康印刷厂
1944年松源印刷所
1946年昌兴印刷所
1947年南洋祥印刷厂
1950年文洲印刷厂
1950年嘉泰印刷所
1950年益昌印刷所
1951年义生印刷所
1951年懋丰印刷厂
邑庙区第二印刷厂
1956年 并入
智伟印刷所中心厂
1956年 并入
1932年王发记印刷所
1934年童大达印刷所
1937年王云记纸袋印刷所
1940年永茂泰印刷所
1940年精精印制所
1941年勤裕印刷所
1946年新村印刷所
1946年荣茂印刷所
1947年天成印刷所
1947年美盛印刷所
1948年春兴印刷所
1949年开丰印刷所
1950年润华印刷所
1950年吉协兴印刷所
1950年茂华印刷所
1950年启鸿印刷所
1950年永丽印刷所
1950年灿华印刷所
1950年美丰顺印刷所
1950年恒利印刷所
1954年顺记印刷所
华新康印刷所中心厂
1956年 并入
1912年顾合顺印刷所
1925年明益社印刷所
1927年源新印制所
1930年南协盛印刷所
1933年晋泰印刷所
1937年岳义兴印刷所
1939年俊美印刷所
1943年南华光印刷所
1944年大吉祥印刷所
1946年夏协兴印刷所
1946年长元轩印刷所
1946年有正印刷所
1947年兴昌印刷所
1949年新业印刷所
1950年德利印刷所
1950年仁茂印刷所
1950年青记印刷所
1951年莲记印刷所
1951年大昌元印刷所
1951年复元印刷所
1951年新声印刷所
1953年顺辛印刷所
1956年勤丰印刷所
永生印刷所中心厂
1956年 并入
1927年德泰印刷所
1931年董竹记印刷所
1940年达丰印刷所
1940年张美文印刷所
1944年大达印刷所
1945年维昌印刷所
1946年庆丰印刷所
1947年沈益泰制簿作
1947年王三一印刷所
1948年俭荣印刷所
1948年德兴印刷所
1948年大美印刷所
1949年勤业日印刷所
1949年大孚印刷所
1950年利美印刷所
1950年民丰成印刷所
1950年统明印刷所
1951年福泰印刷所
1951年诚昌印刷所
1952年宝记印刷所
1978年 并入
1966年更名 上海人民印刷十四厂
1965年更名 黄浦印刷厂
中国药业用品社中心厂
1956年 合并
1900年巨成印刷所
1923年盛兴印务局
1937年公益印务局
1939年华新源印刷所
1945年美达印书馆
1946年叶大新印刷所
1950年三连印刷所
1951年同春恒纸号
1952年红十月工业社

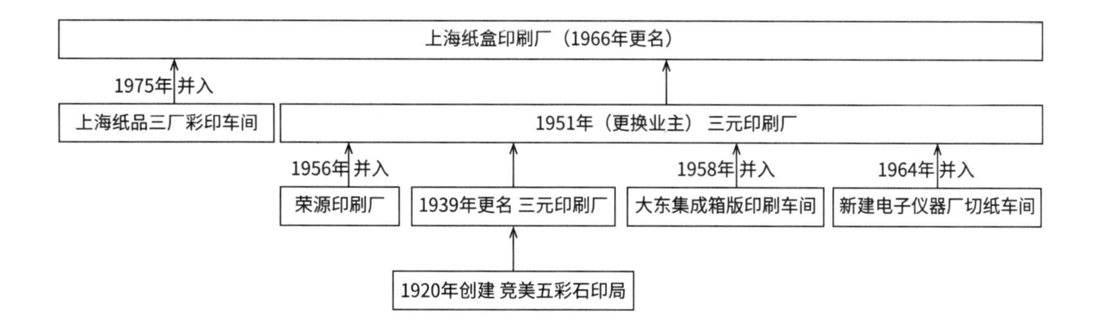
上海纸盒印刷厂（1966年更名）
1975年 并入
上海纸品三厂彩印车间
1951年（更换业主） 三元印刷厂
1956年 并入
荣源印刷厂
1939年更名 三元印刷厂
1958年 并入
大东集成箱版印刷车间
1964年 并入
新建电子仪器厂切纸车间
1920年创建 竞美五彩石印局



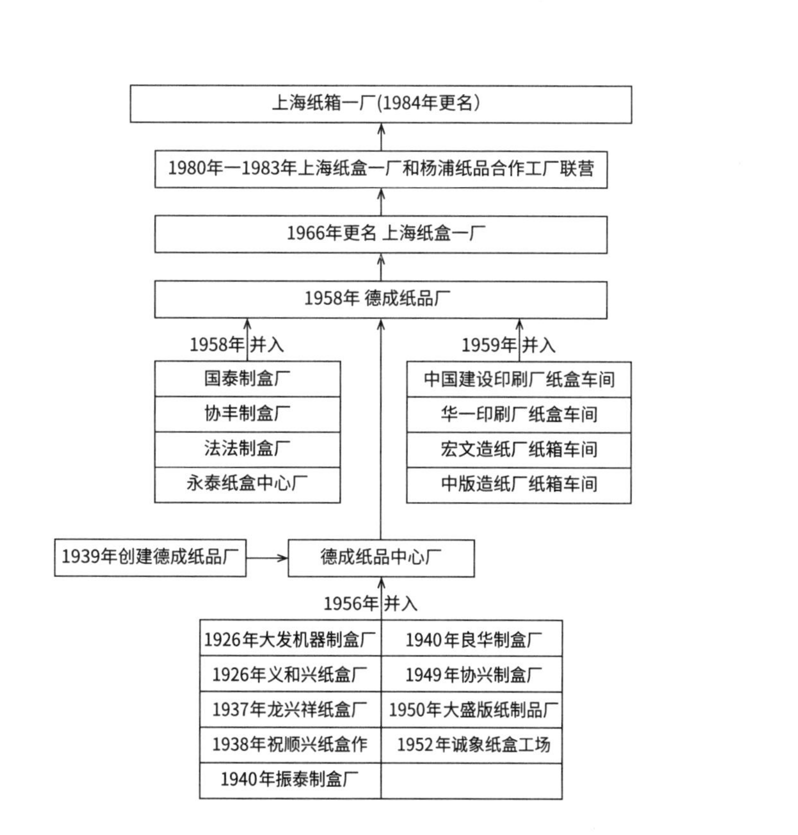
上海纸箱一厂(1984年更名)
1980年一1983年上海纸盒一厂和杨浦纸品合作工厂联营
1966年更名 上海纸盒一厂
1958年 德成纸品厂
1958年 并入
国泰制盒厂
协丰制盒厂
法法制盒厂
永泰纸盒中心厂
1959年 并入
中国建设印刷厂纸盒车间
华一印刷厂纸盒车间
宏文造纸厂纸箱车间
中版造纸厂纸箱车间
1939年创建德成纸品厂
德成纸品中心厂
1956年 并入
1926年大发机器制盒厂
1940年良华制盒厂
1926年义和兴纸盒厂
1949年协兴制盒厂
1937年龙兴祥纸盒厂
1950年大盛版纸制品厂
1938年祝顺兴纸盒作
1952年诚象纸盒工场
1940年振泰制盒厂

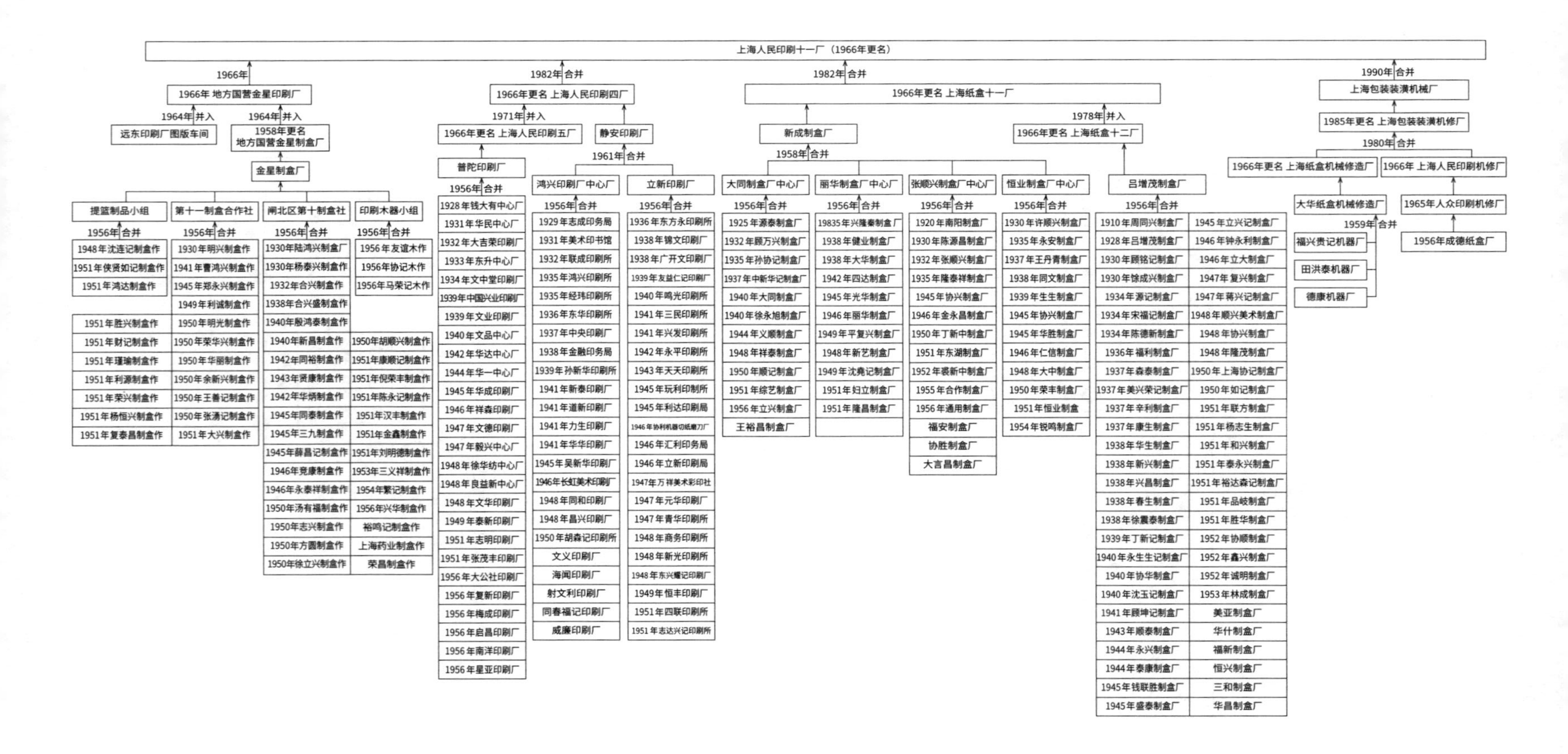

上海人民印刷十一厂（1966年更名）
1966年
1966年 地方国营金星印刷厂
1964年并入
远东印刷厂图版车间
1964年并入
1958年更名 地方国营金星制盒厂
金星制盒厂
提篮制品小组
1956年合并
1948年沈连记制盒作
1951年侠贤如记制盒作
1951年鸿达制盒作
1951年胜兴制盒作
1951年财记制盒作
1951年瑾瑜制盒作
1951年利源制盒作
1951年荣兴制盒作
1951年杨恒兴制盒作
1951年复泰昌制盒作
第十一制盒合作社
1956年合并
1930年明兴制盒作
1941年曹鸿兴制盒作
1945年郑永兴制盒作
1949年利诚制盒作
1950年明光制盒作
1950年荣华兴制盒作
1950年华丽制盒作
1950年余新兴制盒作
1950年王善记制盒作
1950年张涌记制盒作
1951年大兴制盒作
闸北区第十制盒社
1956年合并
1930年陆鸿兴制盒厂
1930年杨泰兴制盒作
1932年合兴制盒作
1938年合兴盛制盒作
1940年殷鸿泰制盒作
1940年新昌制盒作
1942年同裕制盒作
1943年贤康制盒作
1942年华炳制盒作
1945年同泰制盒作
1945年三九制盒作
1945年薛昌记制盒作
1946年竞康制盒作
1946年永泰祥制盒作
1950年汤有福制盒作
1950年志兴制盒作
1950年方圆制盒作
1950年徐立兴制盒作
1950年胡顺兴制盒作
1951年康顺记制盒作
1951年倪荣丰制盒作
1951年陈永记制盒作
1951年汉丰制盒作
1951年金鑫制盒作
1951年刘明德制盒作
1953年三义祥制盒作
1954年繁记制盒作
1956年兴华制盒作
裕鸿记制盒作
上海药业制盒作
荣昌制盒作
印刷木器小组
1956年合并
1956年友谊木作
1956年协记木作
1956年马荣记木作
1982年合并
1966年更名 上海人民印刷四厂
1971年并入
1966年更名 上海人民印刷五厂
普陀印刷厂
1956年合并
1928年钱大有中心厂
1931年华民中心厂
1932年大吉荣印刷厂
1933年东升中心厂
1934年文中堂印刷厂
1939年中国兴业印刷厂
1939年文业印刷厂
1940年文品中心厂
1942年华达中心厂
1944年华一中心厂
1945年华成印刷厂
1946年祥森印刷厂
1947年文德印刷厂
1947年毅兴中心厂
1948年徐华纺中心厂
1948年良益新中心厂
1948年文华印刷厂
1949年泰新印刷厂
1951年志明印刷厂
1951年张茂丰印刷厂
1956年大公社印刷厂
1956年复新印刷厂
1956年梅成印刷厂
1956年启昌印刷厂
1956年南洋印刷厂
1956年星亚印刷厂
静安印刷厂
1961年合并
鸿兴印刷厂中心厂
1956年合并
1929年志成印务局
1931年美术印书馆
1932年联成印刷所
1935年鸿兴印刷所
1935年经玮印刷所
1936年东华印刷所
1937年中央印刷厂
1938年金融印务局
1939年孙新华印刷所
1941年新泰印刷厂
1941年道新印刷厂
1941年力生印刷厂
1941年华华印刷厂
1945年吴新华印刷厂
1946年长虹美术印刷厂
1948年同和印刷厂
1948年昌兴印刷厂
1950年胡森记印刷所
文义印刷厂
海闻印刷厂
射文利印刷厂
同春福记印刷厂
威廉印刷厂
立新印刷厂
1956年合并
1936年东方永印刷所
1938年锦文印刷厂
1938年广开文印刷厂
1939年友益仁记印刷厂
1940年鸣光印刷所
1941年三民印刷所
1941年兴发印刷所
1942年永平印刷所
1943年天天印刷所
1945年玩利印制所
1945年利达印刷局
1946年协利机器切纸磨刀厂
1946年汇利印务局
1946年立新印刷局
1947年万祥美术彩印社
1947年元华印刷厂
1947年青华印刷所
1948年商务印刷所
1948年新光印刷所
1948年东兴耀记印刷厂
1949年恒丰印刷厂
1951年四联印刷所
1951年志达兴记印刷所
1982年合并
1966年更名 上海纸盒十一厂
新成制盒厂
1958年合并
大同制盒厂中心厂
1956年合并
1925年源泰制盒厂
1932年顾万兴制盒厂
1935年孙协记制盒厂
1937年中新华记制盒厂
1940年大同制盒厂
1940年徐永旭制盒厂
1944年义顺制盒厂
1948年祥泰制盒厂
1950年顺记制盒厂
1951年综艺制盒厂
1956年立兴制盒厂
王裕昌制盒厂
丽华制盒厂中心厂
1956年合并
19835年兴隆秦制盒厂
1938年健业制盒厂
1938年大华制盒厂
1942年四达制盒厂
1945年光华制盒厂
1946年丽华制盒厂
1949年平复兴制盒厂
1948年新艺制盒厂
1949年沈隽记制盒厂
1951年妇立制盒厂
1951年隆昌制盒厂
张顺兴制盒厂中心厂
1956年合并
1920年南阳制盒厂
1930年陈源昌制盒厂
1932年张顺兴制盒厂
1935年隆泰祥制盒厂
1945年协兴制盒厂
1946年金永昌制盒厂
1950年丁新中制盒厂
1951年东湖制盒厂
1952年裘新中制盒厂
1955年合作制盒厂
1956年通用制盒厂
福安制盒厂
协胜制盒厂
大吉昌制盒厂
恒业制盒厂中心厂
1956年合并
1930年许顺兴制盒厂
1935年永安制盒厂
1937年王丹青制盒厂
1938年同文制盒厂
1939年生生制盒厂
1945年协兴制盒厂
1945年华胜制盒厂
1946年仁信制盒厂
1948年大中制盒厂
1950年荣丰制盒厂
1951年恒业制盒
1954年锐鸣制盒厂
1978年并入
1966年更名 上海纸盒十二厂
吕增茂制盒厂
1956年合并
1910年周同兴制盒厂
1928年吕增茂制盒厂
1930年顾铭记制盒厂
1930年馀成兴制盒厂
1934年源记制盒厂
1934年宋福记制盒厂
1934年陈德新制盒厂
1936年福利制盒厂
1937年森泰制盒厂
1937年美兴荣记制盒厂
1937年辛利制盒厂
1937年康生制盒厂
1938年华生制盒厂
1938年新兴制盒厂
1938年兴昌制盒厂
1938年春生制盒厂
1938年徐震泰制盒厂
1939年丁新记制盒厂
1940年永生生记制盒厂
1940年协华制盒厂
1940年沈玉记制盒厂
1941年顾坤记制盒厂
1943年顺泰制盒厂
1944年永兴制盒厂
1944年泰康制盒厂
1945年钱联胜制盒厂
1945年盛泰制盒厂
1945年立兴记制盒厂
1946年钟永利制盒厂
1946年立大制盒厂
1947年复兴制盒厂
1947年蒋兴记制盒厂
1948年顺兴美术制盒厂
1948年协兴制盒厂
1948年隆茂制盒厂
1950年上海协记制盒厂
1950年如记制盒厂
1951年联方制盒厂
1951年杨志生制盒厂
1951年和兴制盒厂
1951年泰永兴制盒厂
1951年裕达森记制盒厂
1951年品岐制盒厂
1951年胜华制盒厂
1952年协顺制盒厂
1952年鑫兴制盒厂
1952年诚明制盒厂
1953年林成制盒厂
美亚制盒厂
华什制盒厂
福新制盒厂
恒兴制盒厂
三和制盒厂
华昌制盒厂
1990年合并
上海包装装潢机械厂
1985年更名 上海包装装潢机修厂
1980年合并
1966年更名 上海纸盒机械修造厂
大华纸盒机械修造厂
1959年合并
福兴贵记机器厂
田洪泰机器厂
德康机器厂
1966年 上海人民印刷机修厂
1965年人众印刷机修厂
1956年成德纸盒厂

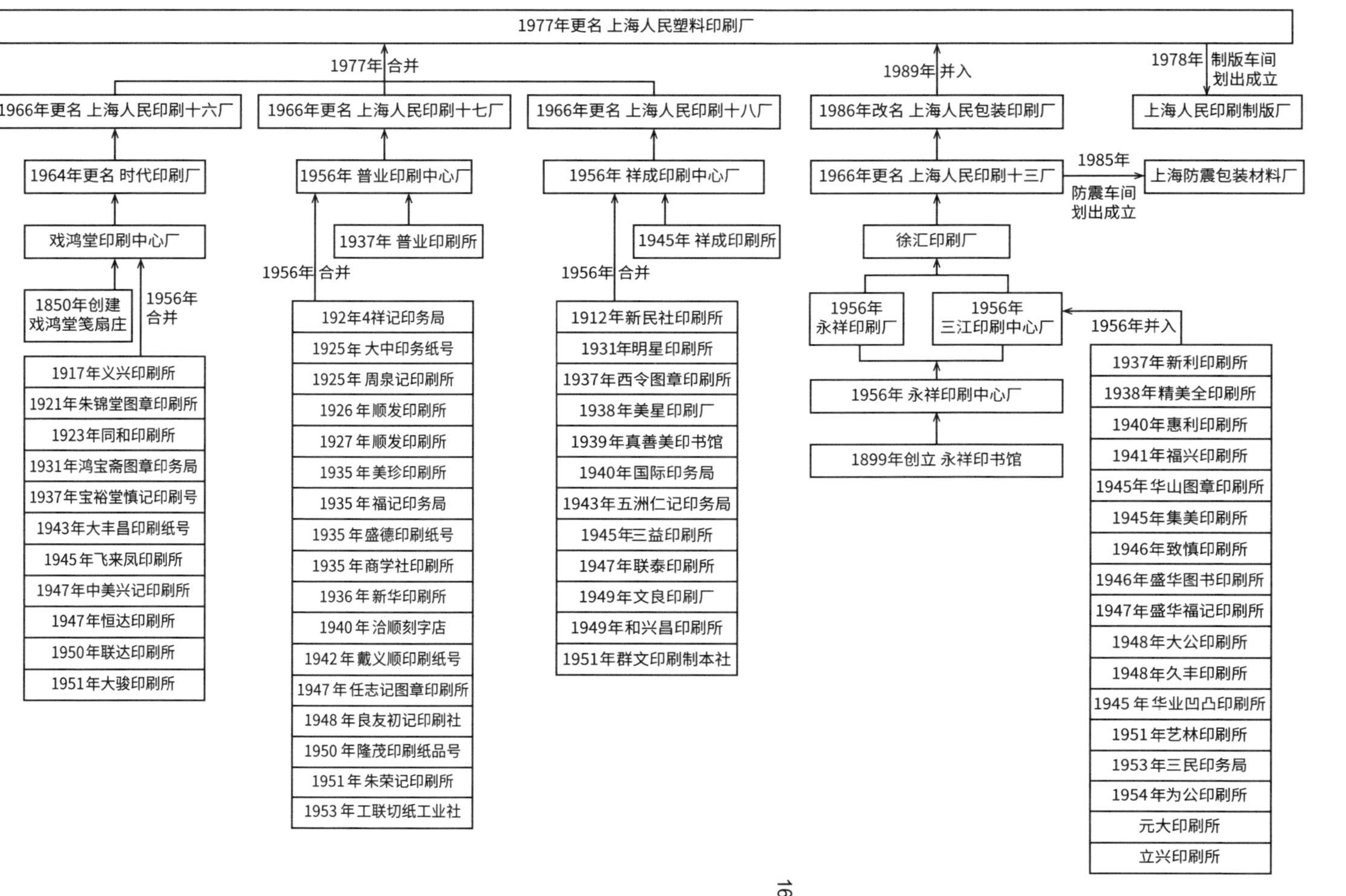

1977年更名 上海人民塑料印刷厂
1977年 合并
1989年 并入
1978年 制版车间划出成立
1966年更名 上海人民印刷十六厂
1966年更名 上海人民印刷十七厂
1966年更名 上海人民印刷十八厂
1986年改名 上海人民包装印刷厂
上海人民印刷制版厂
1964年更名 时代印刷厂
1956年 普业印刷中心厂
1956年 祥成印刷中心厂
1966年更名 上海人民印刷十三厂
1985年
防震车间划出成立
上海防震包装材料厂
戏鸿堂印刷中心厂
1937年 普业印刷所
1945年 祥成印刷所
徐汇印刷厂
1956年 合并
1956年 合并
1850年创建 戏鸿堂笺扇庄
1956年 合并
1956年 永祥印刷厂
1956年 三江印刷中心厂
1956年并入
1956年 永祥印刷中心厂
1899年创立 永祥印书馆
1917年义兴印刷所
1921年朱锦堂图章印刷所
1923年同和印刷所
1931年鸿宝斋图章印务局
1937年宝裕堂慎记印刷号
1943年大丰昌印刷纸号
1945年飞来凤印刷所
1947年中美兴记印刷所
1947年恒达印刷所
1950年联达印刷所
1951年大骏印刷所
192年4祥记印务局
1925年 大中印务纸号
1925年 周泉记印刷所
1926年 顺发印刷所
1927年 顺发印刷所
1935年 美珍印刷所
1935年 福记印务局
1935年 盛德印刷纸号
1935年 商学社印刷所
1936年 新华印刷所
1940年 洽顺刻字店
1942年 戴义顺印刷纸号
1947年 任志记图章印刷所
1948年 良友初记印刷社
1950年 隆茂印刷纸品号
1951年 朱荣记印刷所
1953年 工联切纸工业社
1912年新民社印刷所
1931年明星印刷所
1937年西令图章印刷所
1938年美星印刷厂
1939年真善美印书馆
1940年国际印务局
1943年五洲仁记印务局
1945年三益印刷所
1947年联泰印刷所
1949年文良印刷厂
1949年和兴昌印刷所
1951年群文印刷制本社
1937年新利印刷所
1938年精美全印刷所
1940年惠利印刷所
1941年福兴印刷所
1945年华山图章印刷所
1945年集美印刷所
1946年致慎印刷所
1946年盛华图书印刷所
1947年盛华福记印刷所
1948年大公印刷所
1948年久丰印刷所
1945年华业凹凸印刷所
1951年艺林印刷所
1953年三民印务局
1954年为公印刷所
元大印刷所
立兴印刷所

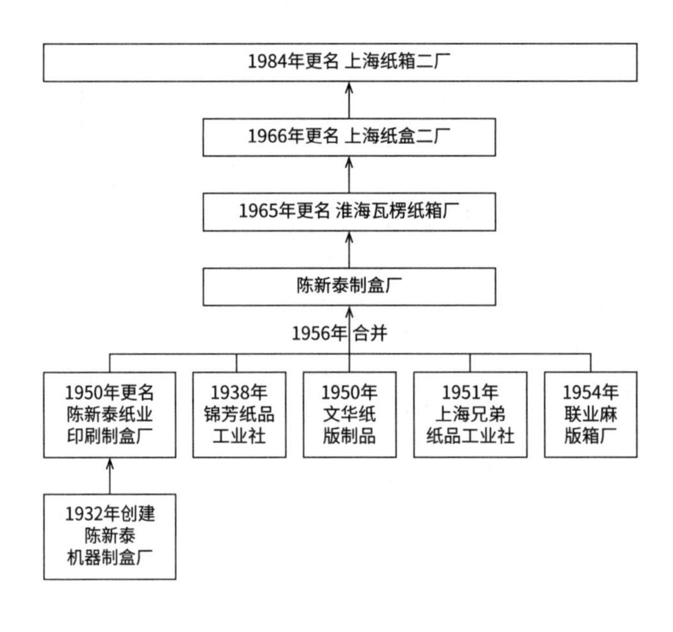
1984年更名 上海纸箱二厂
1966年更名 上海纸盒二厂
1965年更名 淮海瓦楞纸箱厂
陈新泰制盒厂
1956年 合并
1950年更名 陈新泰纸业 印刷制盒厂
1938年 锦芳纸品 工业社
1950年 文华纸 版制品
1951年 上海兄弟 纸品工业社
1954年 联业麻 版箱厂
1932年创建 陈新泰 机器制盒厂



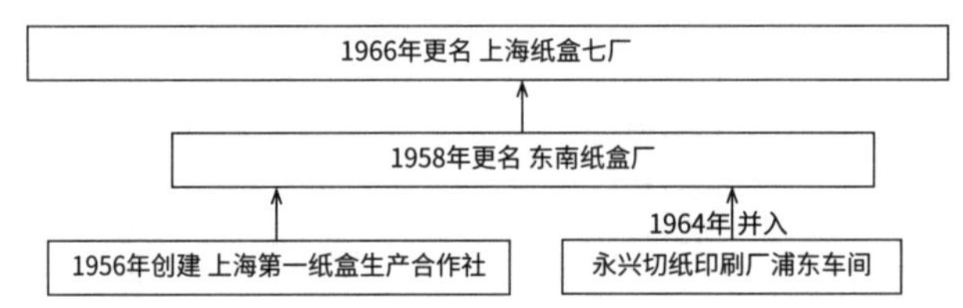
1966年更名 上海纸盒七厂
1958年更名 东南纸盒厂
1964年 并入
1956年创建 上海第一纸盒生产合作社
永兴切纸印刷厂浦东车间

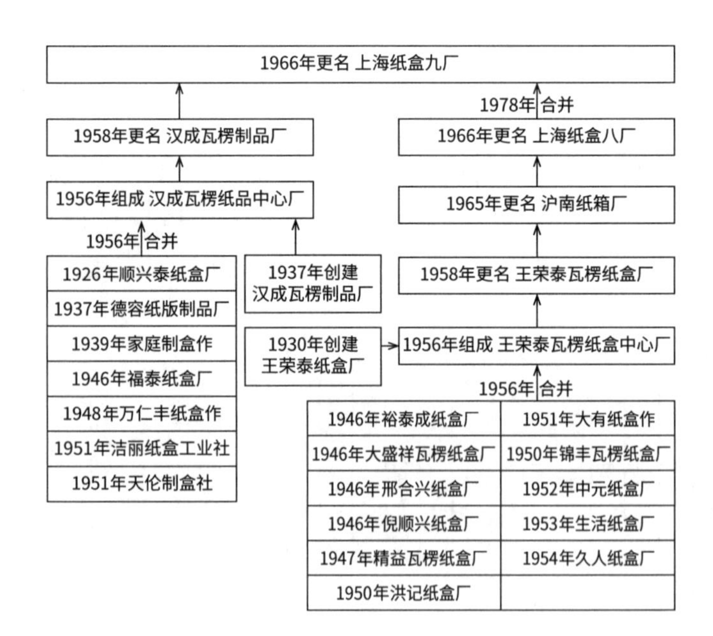
1966年更名 上海纸盒九厂
1978年 合并
1958年更名 汉成瓦楞制品厂
1966年更名 上海纸盒八厂
1956年组成 汉成瓦楞纸品中心厂
1965年更名 沪南纸箱厂
1956年 合并
1926年顺兴泰纸盒厂
1937年德容纸版制品厂
1939年家庭制盒作
1946年福泰纸盒厂
1948年万仁丰纸盒作
1951年洁丽纸盒工业社
1951年天伦制盒社
1937年创建 汉成瓦楞制品厂
1958年更名 王荣泰瓦楞纸盒厂
1930年创建 王荣泰纸盒厂
1956年组成 王荣泰瓦楞纸盒中心厂
1956年 合并
1946年裕泰成纸盒厂
1951年大有纸盒作
1946年大盛祥瓦楞纸盒厂
1950年锦丰瓦楞纸盒厂
1946年邢合兴纸盒厂
1952年中元纸盒厂
1946年倪顺兴纸盒厂
1953年生活纸盒厂
1947年精益瓦楞纸盒厂
1954年久人纸盒厂
1950年洪记纸盒厂

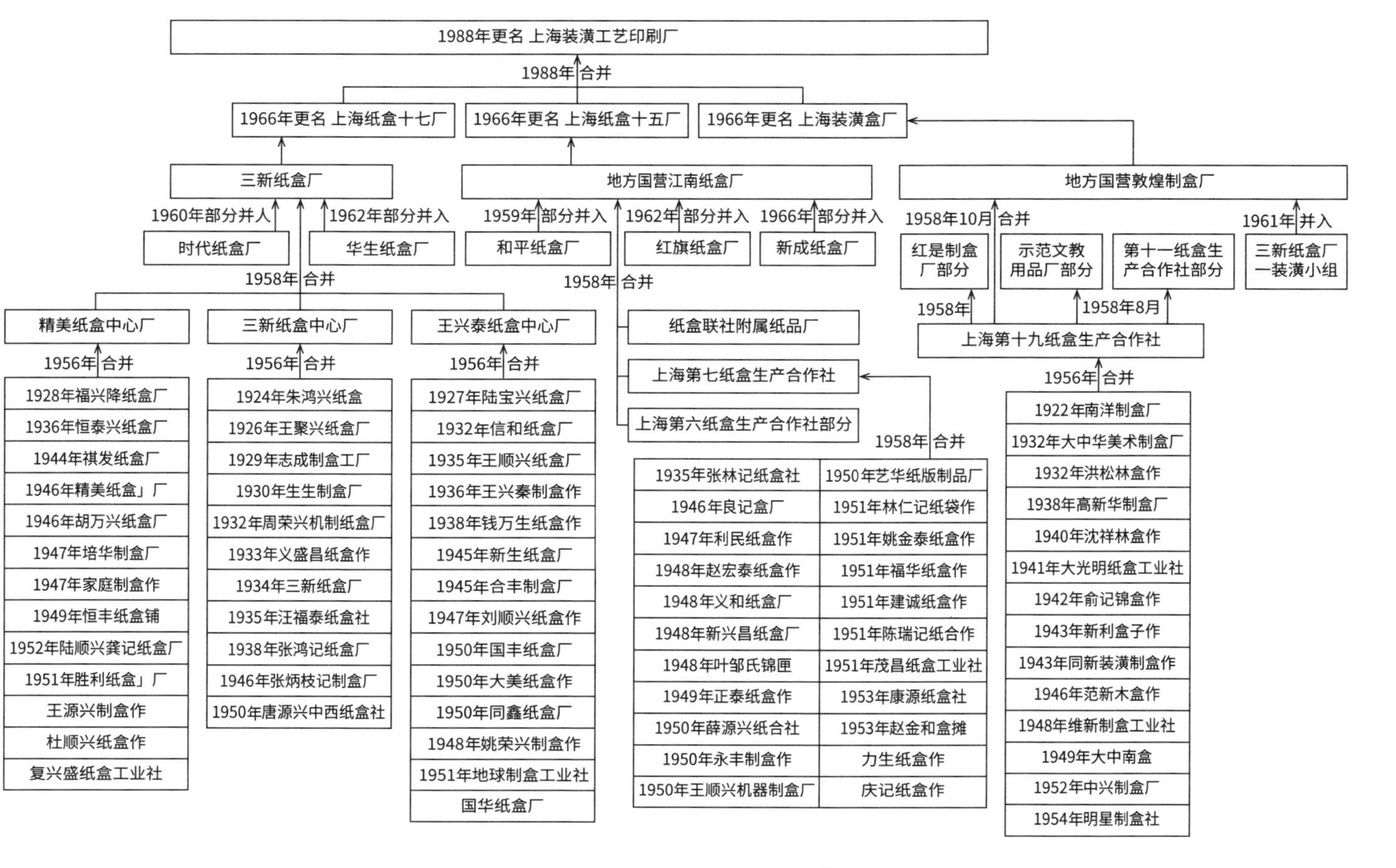
1988年更名 上海装潢工艺印刷厂
1988年合并
1966年更名 上海纸盒十七厂
1966年更名 上海纸盒十五厂
1966年更名 上海装潢盒厂
三新纸盒厂
地方国营江南纸盒厂
地方国营敦煌制盒厂
1960年部分并人
1962年部分并入
时代纸盒厂
华生纸盒厂
1959年部分并入
1962年部分并入
1966年部分并入
和平纸盒厂
红旗纸盒厂
新成纸盒厂
1958年10月合并
1961年并入
红是制盒厂部分
示范文教用品厂部分
第十一纸盒生产合作社部分
三新纸盒厂一装潢小组
1958年合并
1958年合并
1958年
1958年8月
上海第十九纸盒生产合作社
精美纸盒中心厂
三新纸盒中心厂
王兴泰纸盒中心厂
纸盒联社附属纸品厂
上海第七纸盒生产合作社
上海第六纸盒生产合作社部分
1956年合并
1956年合并
1956年合并
1956年合并
1958年合并
1928年福兴降纸盒厂
1936年恒泰兴纸盒厂
1944年祺发纸盒厂
1946年精美纸盒」厂
1946年胡万兴纸盒厂
1947年培华制盒厂
1947年家庭制盒作
1949年恒丰纸盒铺
1952年陆顺兴龚记纸盒厂
1951年胜利纸盒」厂
王源兴制盒作
杜顺兴纸盒作
复兴盛纸盒工业社
1924年朱鸿兴纸盒
1926年王聚兴纸盒厂
1929年志成制盒工厂
1930年生生制盒厂
1932年周荣兴机制纸盒厂
1933年义盛昌纸盒作
1934年三新纸盒厂
1935年汪福泰纸盒社
1938年张鸿记纸盒厂
1946年张炳枝记制盒厂
1950年唐源兴中西纸盒社
1927年陆宝兴纸盒厂
1932年信和纸盒厂
1935年王顺兴纸盒厂
1936年王兴秦制盒作
1938年钱万生纸盒作
1945年新生纸盒厂
1945年合丰制盒厂
1947年刘顺兴纸盒作
1950年国丰纸盒厂
1950年大美纸盒作
1950年同鑫纸盒厂
1948年姚荣兴制盒作
1951年地球制盒工业社
国华纸盒厂
1935年张林记纸盒社
1946年良记盒厂
1947年利民纸盒作
1948年赵宏泰纸盒作
1948年义和纸盒厂
1948年新兴昌纸盒厂
1948年叶邹氏锦匣
1949年正泰纸盒作
1950年薛源兴纸合社
1950年永丰制盒作
1950年王顺兴机器制盒厂
1950年艺华纸版制品厂
1951年林仁记纸袋作
1951年姚金泰纸盒作
1951年福华纸盒作
1951年建诚纸盒作
1951年陈瑞记纸合作
1951年茂昌纸盒工业社
1953年康源纸盒社
1953年赵金和盒摊
力生纸盒作
庆记纸盒作
1922年南洋制盒厂
1932年大中华美术制盒厂
1932年洪松林盒作
1938年高新华制盒厂
1940年沈祥林盒作
1941年大光明纸盒工业社
1942年俞记锦盒作
1943年新利盒子作
1943年同新装潢制盒作
1946年范新木盒作
1948年维新制盒工业社
1949年大中南盒
1952年中兴制盒厂
1954年明星制盒社

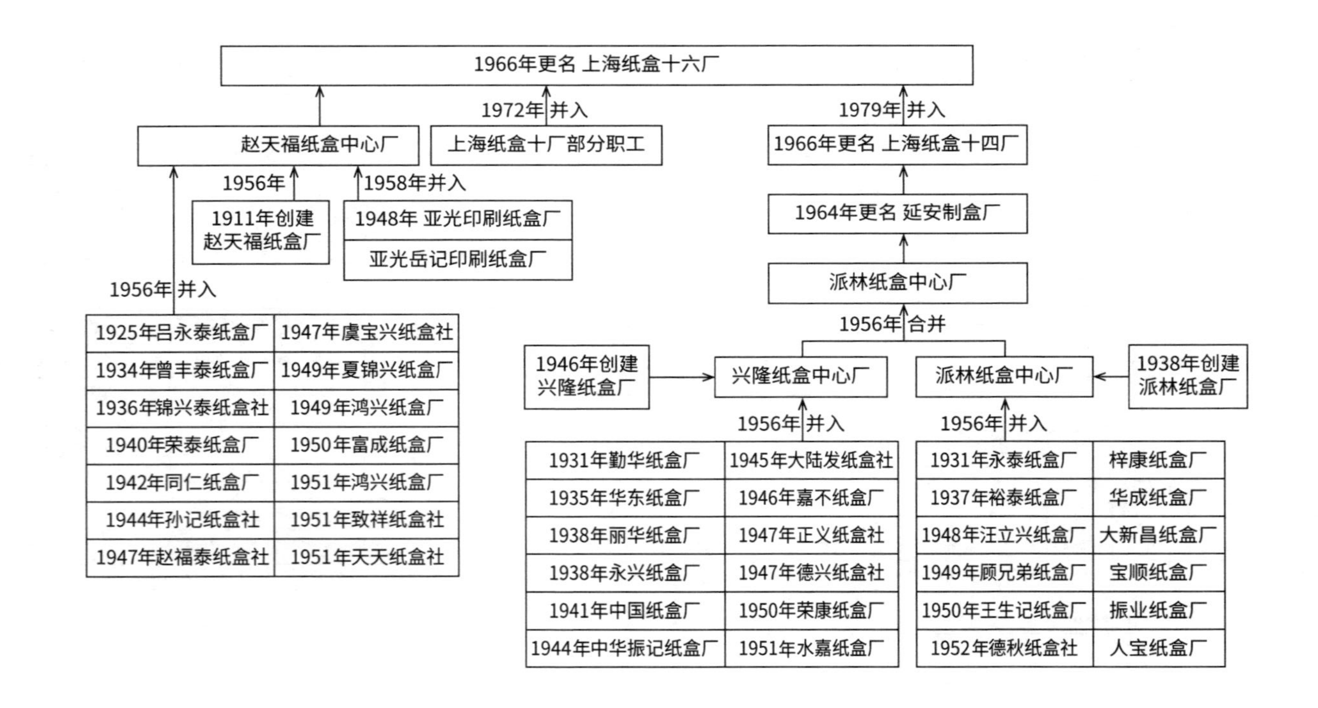
1966年更名 上海纸盒十六厂
1972年 并入
1979年 并入
赵天福纸盒中心厂
上海纸盒十厂部分职工
1966年更名 上海纸盒十四厂
1956年
1958年并入
1911年创建
赵天福纸盒厂
1948年 亚光印刷纸盒厂
亚光岳记印刷纸盒厂
1964年更名 延安制盒厂
派林纸盒中心厂
1956年 并入
1925年吕永泰纸盒厂
1947年虞宝兴纸盒社
1934年曾丰泰纸盒厂
1949年夏锦兴纸盒厂
1936年锦兴泰纸盒社
1949年鸿兴纸盒厂
1940年荣泰纸盒厂
1950年富成纸盒厂
1942年同仁纸盒厂
1951年鸿兴纸盒厂
1944年孙记纸盒社
1951年致祥纸盒社
1947年赵福泰纸盒社
1951年天天纸盒社
1956年 合并
1946年创建
兴隆纸盒厂
兴隆纸盒中心厂
派林纸盒中心厂
1938年创建
派林纸盒厂
1956年 并入
1956年 并入
1931年勤华纸盒厂
1945年大陆发纸盒社
1935年华东纸盒厂
1946年嘉不纸盒厂
1938年丽华纸盒厂
1947年正义纸盒社
1938年永兴纸盒厂
1947年德兴纸盒社
1941年中国纸盒厂
1950年荣康纸盒厂
1944年中华振记纸盒厂
1951年水嘉纸盒厂
1931年永泰纸盒厂
梓康纸盒厂
1937年裕泰纸盒厂
华成纸盒厂
1948年汪立兴纸盒厂
大新昌纸盒厂
1949年顾兄弟纸盒厂
宝顺纸盒厂
1950年王生记纸盒厂
振业纸盒厂
1952年德秋纸盒社
人宝纸盒厂

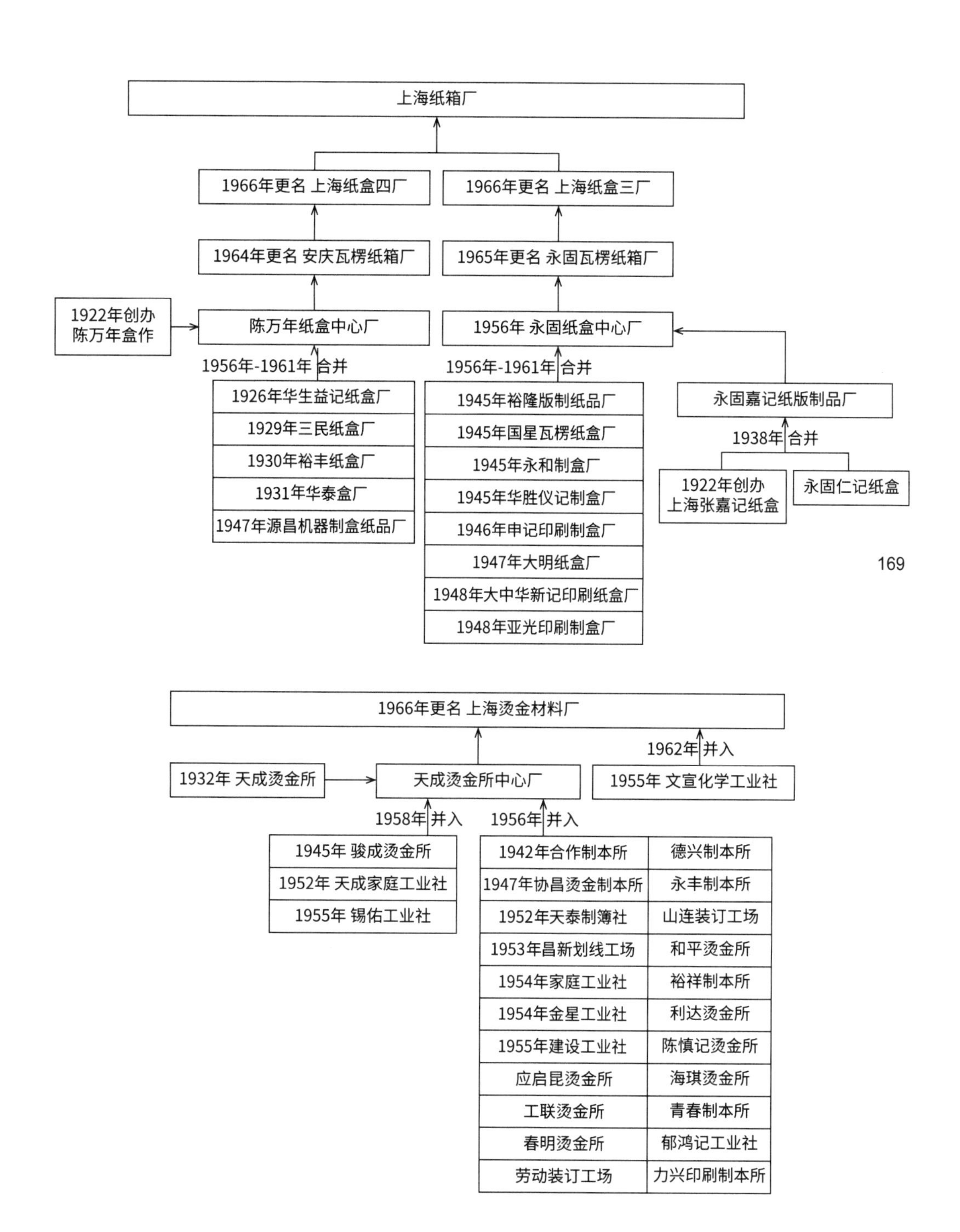
上海纸箱厂
1966年更名 上海纸盒四厂
1966年更名 上海纸盒三厂
1964年更名 安庆瓦楞纸箱厂
1965年更名 永固瓦楞纸箱厂
1922年创办
陈万年盒作
陈万年纸盒中心厂
1956年 永固纸盒中心厂
1956年-1961年 合并
1956年-1961年 合并
1926年华生益记纸盒厂
1929年三民纸盒厂
1930年裕丰纸盒厂
1931年华泰盒厂
1947年源昌机器制盒纸品厂
1945年裕隆版制纸品厂
1945年国星瓦楞纸盒厂
1945年永和制盒厂
1945年华胜仪记制盒厂
1946年申记印刷制盒厂
1947年大明纸盒厂
1948年大中华新记印刷纸盒厂
1948年亚光印刷制盒厂
永固嘉记纸版制品厂
1938年 合并
1922年创办
上海张嘉记纸盒
永固仁记纸盒
1966年更名 上海烫金材料厂
1962年 并入
1932年 天成烫金所
天成烫金所中心厂
1955年 文宣化学工业社
1958年 并入
1956年 并入
1945年 骏成烫金所
1952年 天成家庭工业社
1955年 锡佑工业社
1942年合作制本所
德兴制本所
1947年协昌烫金制本所
永丰制本所
1952年天泰制簿社
山连装订工场
1953年昌新划线工场
和平烫金所
1954年家庭工业社
裕祥制本所
1954年金星工业社
利达烫金所
1955年建设工业社
陈慎记烫金所
应启昆烫金所
海琪烫金所
工联烫金所
青春制本所
春明烫金所
郁鸿记工业社
劳动装订工场
力兴印刷制本所

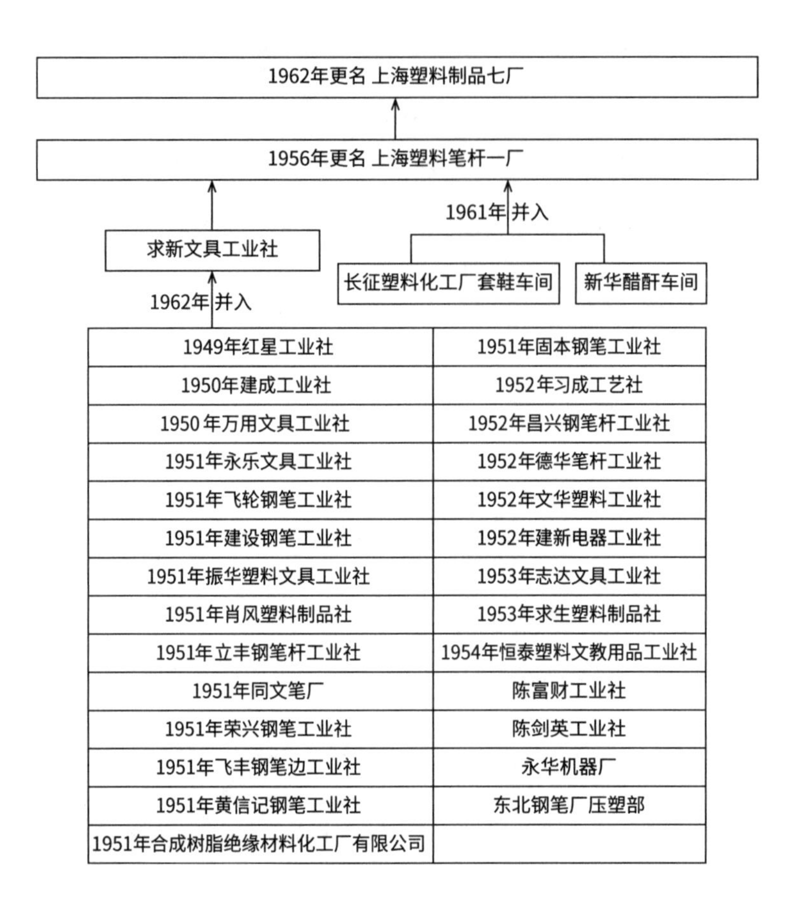
1962年更名 上海塑料制品七厂
1956年更名 上海塑料笔杆一厂
1961年 并入
求新文具工业社
长征塑料化工厂套鞋车间
新华醋酐车间
1962年 并入
1949年红星工业社
1950年建成工业社
1950 年万用文具工业社
1951年永乐文具工业社
1951年飞轮钢笔工业社
1951年建设钢笔工业社
1951年振华塑料文具工业社
1951年肖风塑料制品社
1951年立丰钢笔杆工业社
1951年同文笔厂
1951年荣兴钢笔工业社
1951年飞丰钢笔边工业社
1951年黄信记钢笔工业社
1951年合成树脂绝缘材料化工厂有限公司
1951年固本钢笔工业社
1952年习成工艺社
1952年昌兴钢笔杆工业社
1952年德华笔杆工业社
1952年文华塑料工业社
1952年建新电器工业社
1953年志达文具工业社
1953年求生塑料制品社
1954年恒泰塑料文教用品工业社
陈富财工业社
陈剑英工业社
永华机器厂
东北钢笔厂压塑部

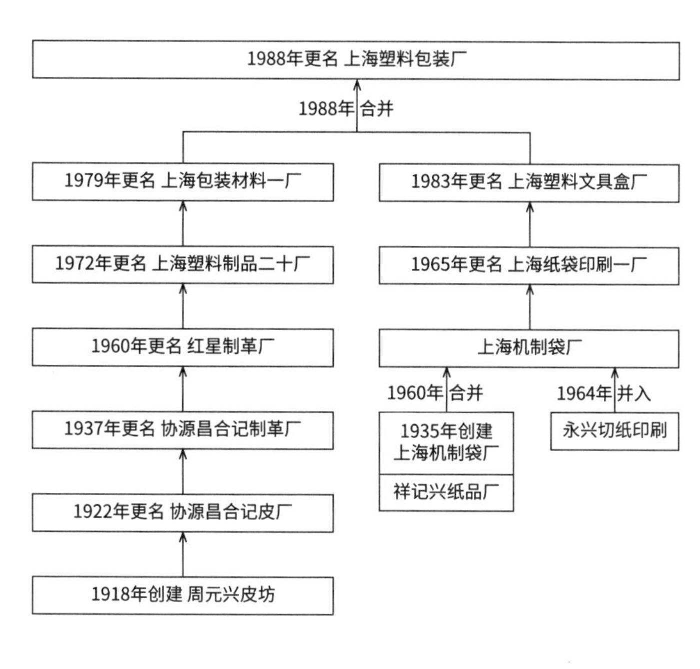
1988年更名 上海塑料包装厂
1988年 合并
1979年更名 上海包装材料一厂
1983年更名 上海塑料文具盒厂
1972年更名 上海塑料制品二十厂
1965年更名 上海纸袋印刷一厂
1960年更名 红星制革厂
上海机制袋厂
1960年 合并
1964年 并入
1937年更名 协源昌合记制革厂
1935年创建 上海机制袋厂
祥记兴纸品厂
永兴切纸印刷
1922年更名 协源昌合记皮厂
1918年创建 周元兴皮坊



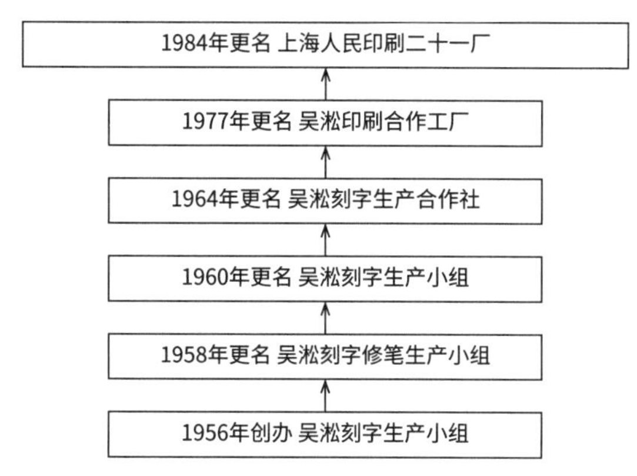
1984年更名 上海人民印刷二十一厂
1977年更名 吴淞印刷合作工厂
1964年更名 吴淞刻字生产合作社
1960年更名 吴淞刻字生产小组
1958年更名 吴淞刻字修笔生产小组
1956年创办 吴淞刻字生产小组

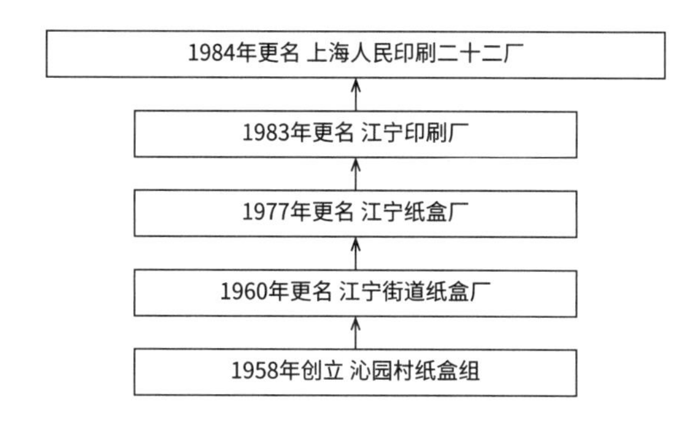
1984年更名 上海人民印刷二十二厂
1983年更名 江宁印刷厂
1977年更名 江宁纸盒厂
1960年更名 江宁街道纸盒厂
1958年创立 沁园村纸盒组

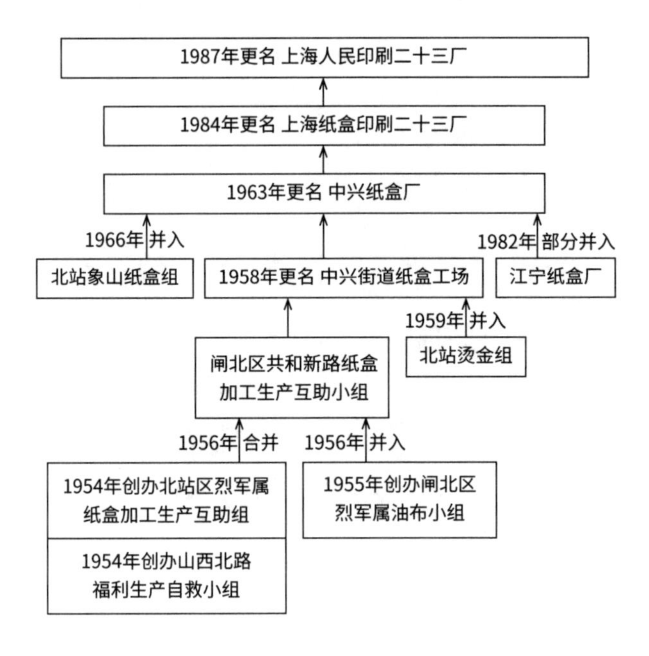
1987年更名 上海人民印刷二十三厂
1984年更名 上海纸盒印刷二十三厂
1963年更名 中兴纸盒厂
1966年 并入
1982年 部分并入
北站象山纸盒组
1958年更名 中兴街道纸盒工场
江宁纸盒厂
1959年 并入
北站烫金组
闸北区共和新路纸盒加工生产互助小组
1956年 合并
1956年 并入
1954年创办北站区烈军属纸盒加工生产互助组
1954年创办山西北路福利生产自救小组
1955年创办闸北区烈军属油布小组



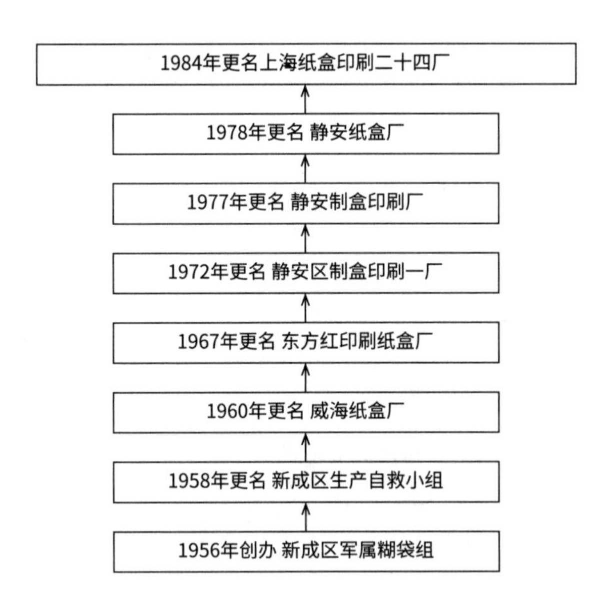
1984年更名上海纸盒印刷二十四厂
1978年更名 静安纸盒厂
1977年更名 静安制盒印刷厂
1972年更名 静安区制盒印刷一厂
1967年更名 东方红印刷纸盒厂
1960年更名 威海纸盒厂
1958年更名 新成区生产自救小组
1956年创办 新成区军属糊袋组

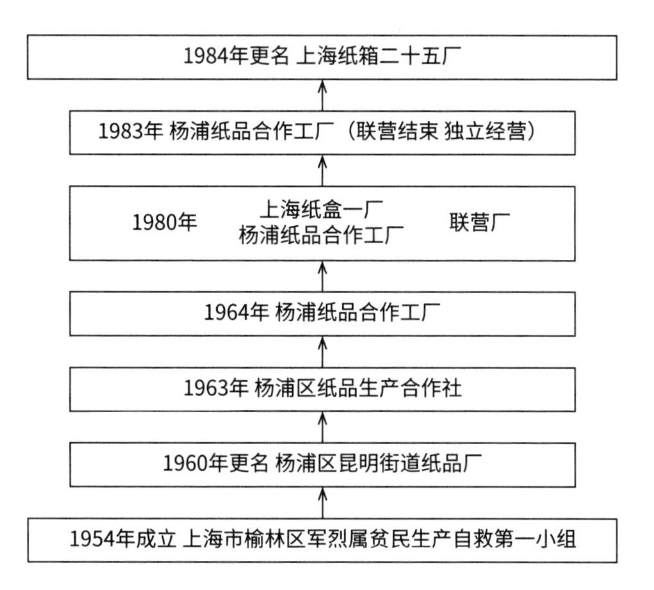
1984年更名 上海纸箱二十五厂
1983年 杨浦纸品合作工厂（联营结束 独立经营）
1980年
上海纸盒一厂
杨浦纸品合作工厂
联营厂
1964年 杨浦纸品合作工厂
1963年 杨浦区纸品生产合作社
1960年更名 杨浦区昆明街道纸品厂
1954年成立 上海市榆林区军烈属贫民生产自救第一小组

# 附录二：上海包装装潢公司下属工厂演变情况（1900—1990）



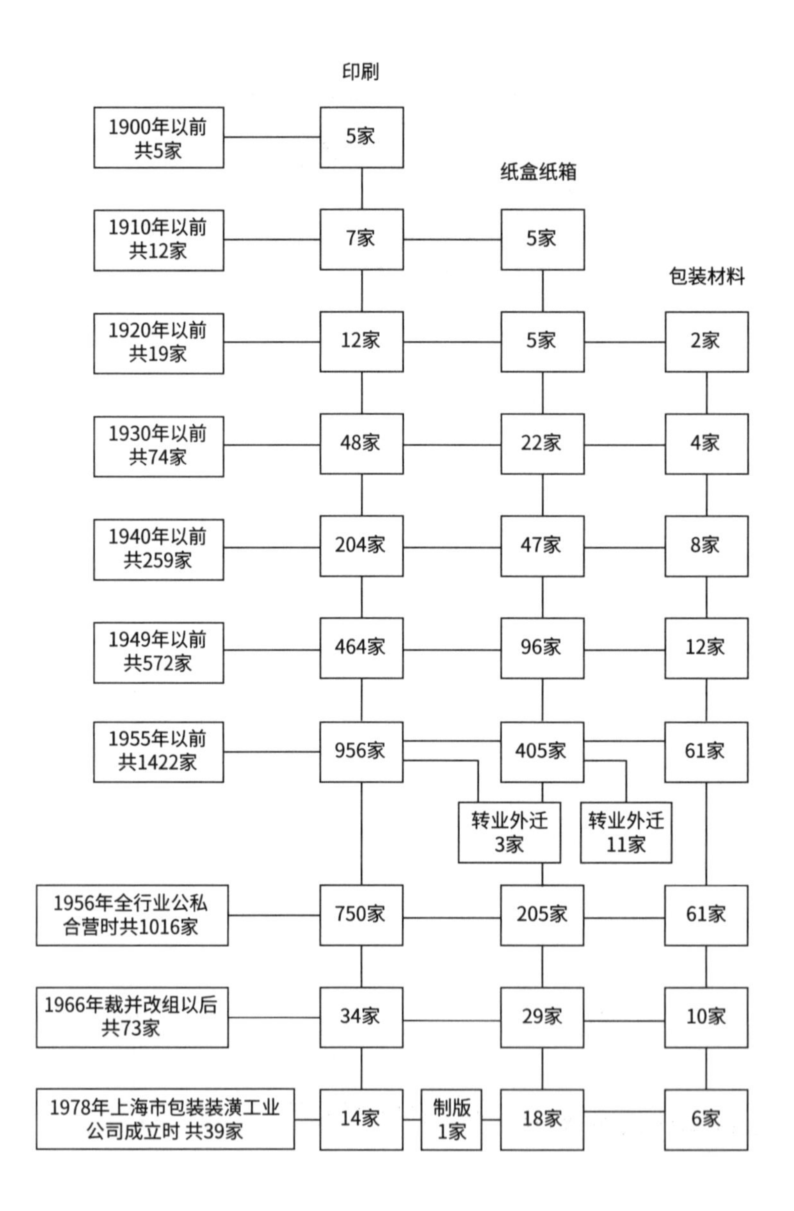

# 附录三：上海包装装潢行业隶属行政机构沿革情况

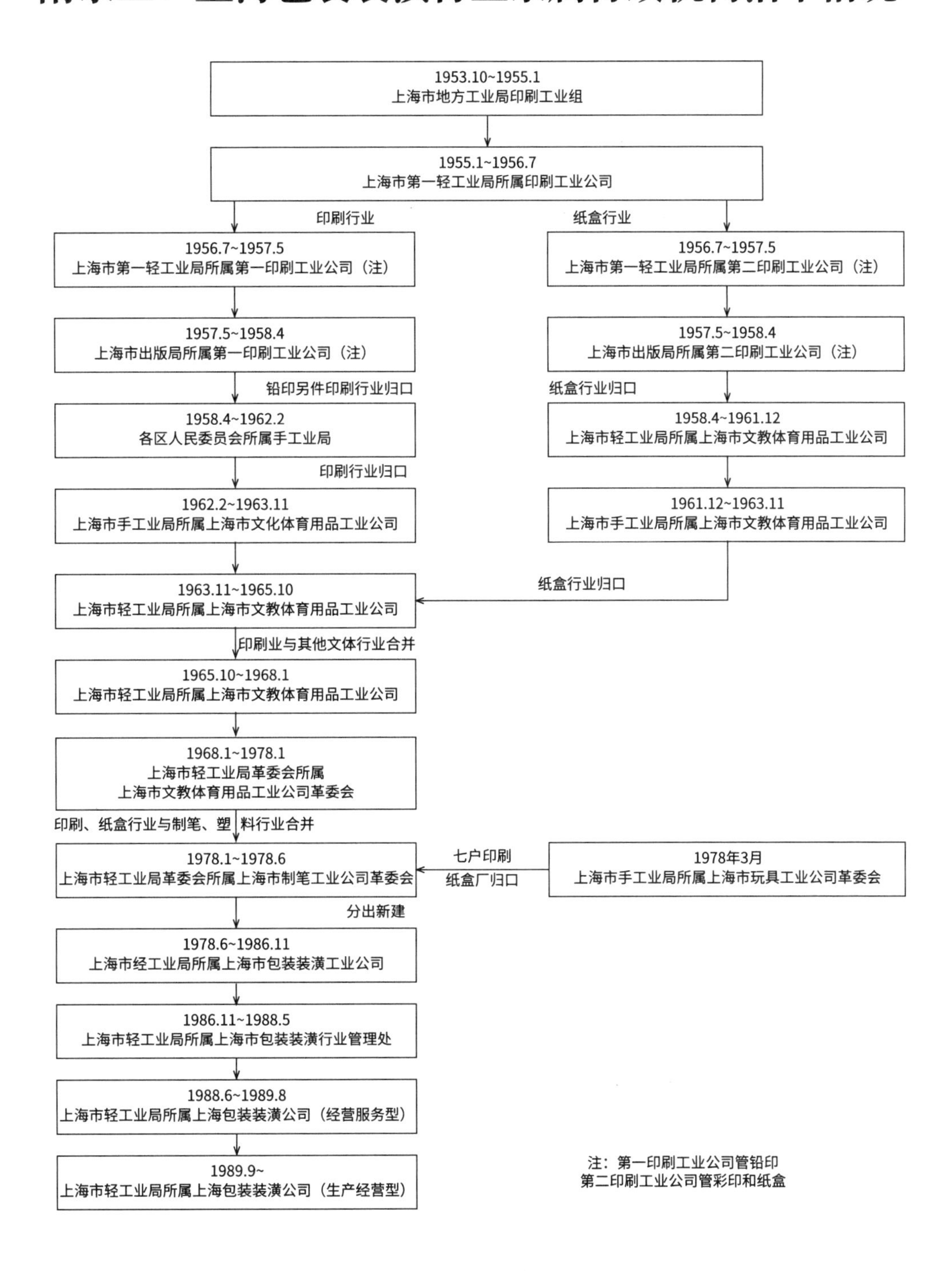

# 附录四：上海包装年表（1850—1980）

■ 1850 年

华商开设戏鸿堂笺扇庄，承接笺扇印刷、请柬、议单等。这是国内包装印刷行业最早用机器生产的工厂。地址在英租界抛球场（今河南中路）406 号。

■ 1884 年



陈一鹗印刷纸号创建，该厂业务以水印为主，铅印为次，并经营账簿纸张。地址设在今山东中路 334–336 号。

■ 1892 年

是年春，由谢晋卿先生创办谢文益印刷所，主要业务零件商标印刷。厂址在今山东中路 280 号。

■ 1899 年

□ 10 月，永祥印书馆建立。由陈永泰独资，厂址设在宁波路安乐坊口，有圆盘机 3 台，职工 4 人，承印一般表格零件等印刷品。

■ 1900 年

上海市纸盒业建立纸盒公所。专理本业职工及贫穷困难的资方和家属等的死亡事宜，无固定会所，初创时会员仅数十户，后逐渐发展至百余户。

戏鸿堂笺扇庄改号为戏鸿堂浩记笺扇庄，经营业务为书页、笺扇、碑帖等。

■ 1911 年

□ 1 月，赵天福纸盒厂开业，厂址在方浜路 566 弄 3 号。主要产品为纸盒。

■ 1912 年



日商芦泽民治创办芦泽印刷所，厂址设在虹口区海宁路 14 号（后改 300 号），资金 50 千银元。

■ 1920 年

□ 8 月，竞美印刷厂建立，由家庭工业社监察人樊竞美任经理，主要设备有石印机二台，专为家庭工业社印刷化妆品商标。厂址在爱文义路池浜桥西。

■ 1922 年

业主陈信忠在法租界贝勒路开设陈万年盒作是手工生产，为邻近的益泰钢精厂做纸盒。

业主张嘉芳在上海虹口开设张嘉记纸盒厂，是家庭式的手工业。

业主王菊生开设南洋制盒厂，厂址设在云南路余庆里 5 号。主要产品手表盒、眼镜盒等。

■ 1925 年

戏鸿堂浩记笺扇庄更换店主，由郑荣将店盘下，改号为戏鸿堂兴记笺扇庄，经营书页及印刷业务。

□ 11 月，上海铅印工业同业公会成立。会员有 401 家。理事长杨允中。



■ 1926 年

由吴锦庭等组织建立制盒业同业公会。会址设在煤业大楼，后由于战乱，无形终止。

□ 2 月，义和兴纸盒作创建。业主张文彩，资金 200 银元，手工生产纸盒，地址河间路 26 号。

业主焦玉炳创建顺兴泰纸盒厂，生产简易纸盒，厂址设在西宝兴路 751 号。

□ 12 月，大发机器制盒厂创建。资金 1 000 银元，地址大连路正泰坊，主要业务生产回力牌胶鞋盒（轧盒子）。

■ 1928 年

□ 2 月，申江燮记印刷所由金燮荣等人合资创办。资金 4 亿元（法币），厂设在劳合路（宁波路）64–68 号。

■ 1930 年

□ 2 月，王荣泰纸盒厂创立。厂址西仓路 131 弄 3 号，主要业务为纸盒。

□ 4 月，日商兼田在杨树浦格兰路（今隆昌路）203 号开设上海纸器株式会社。主要业务瓦楞纸盒及柏油纸板鲜鸡蛋箱。该厂解放后成为宏文造纸厂的一个纸盒车间，1958 年并入德成纸品厂。

□ 8 月，陆鸿兴纸盒厂创建。厂址设在曲阜路 224 弄 4 号。



■ 1932 年

是年初，由陈竹霖和其妻张世妹独资经营开办了陈兴泰机器制盒厂，为小作坊形式，地址严家阁路朱家宅 23 号。

□ 8 月，上海飞达凹凸彩印厂创建。由资方许俊英独资，厂址象山路 17 弄 29 号，有印刷机 2 台，主要业务印刷包装和商标标贴等。

□ 10 月，利锠印刷厂开业。厂长马承铨，厂址七浦路 447 号，主要业务零件报表印刷。

□ 11 月，天成烫金所成立。地址牯岭路南洋东路 4 号二楼，当时业主陈凤冈岗向他哥哥借了一台烫金架，雇佣一个学徒，承接加工业务。

■ 1933 年

□ 9 月，由资方鲍正樵创建上海凹版公司。厂址黄河路牯岭路口协和里 16 号。于 1936 年迁至黄河路 117–119 号，主要业务印刷商标、有价证券和雕刻地方银行钞票原版。

■ 1935 年

由资方姚清先创建精美凹凸彩印厂，厂址唐山路蕃兴里。建厂初期只有 1 台二号印刷机，主要产品有化妆品商标、香烟小圆贴、糖果包装商标等。



上海机制袋厂成立，地址昆明路辽阳路口，资金 1.2 万银元，主要生产纸袋。

■ 1936 年

由于业务需要，申江（夑记）印刷所由劳合路迁至金陵西路 48 号。

资方许培生创建良友印刷厂，厂址闸北三板仓新桥北堍，只有 1 台二号印刷机。

是年，资方陈延林创建商务印刷所，厂址贵州路 200 号。

■ 1937 年

□ 5 月，汉成瓦楞制品厂建立，地址天水路 91 号，主要产品瓦楞纸盒。

□ 8 月，陈瑞明独资开设普业印刷所，地址云南中路 342 号，经营业务为铅印零件印刷，兼营文具纸张等。

是年，由姚清先创建的精美凹凸彩印厂随着业务发展，厂址迁至凤阳路 376 弄 49 号，设备有对开胶印机等。

■ 1938 年

业主张嘉芳盘进开设在余姚路上的永固纸版制品厂，更名为永固仁记纸版制品厂。“八一三”淞沪抗战爆发后，张嘉芳将张嘉记纸盒厂与永固仁记纸版制品厂合并，定名为永固嘉记纸版制品厂。厂址余姚路 526 弄 61 号。



□ 6 月，派林纸盒厂开业，厂址华山路 394 弄 1 支弄 56 号，经营业务为纸盒。

■ 1939 年

□ 5 月，竞美印刷厂由李祖模租用（厂房、设备）经营，并改名为三元印刷厂（老三元）。

□ 10 月，德成纸品厂创建。业主江璟圣，资金 3 000 银元，厂址在榆林区江浦路 969 弄 5—9 号，主要业务是为中央玻璃厂加工瓦楞纸盒。

是年冬，永固纸盒厂建立了中国共产党地下党支部，有党员 4 人，发动群众开展经济和政治斗争。1942 年党组织遭日本宪兵队破坏，主要领导人被捕，有的转入敌后参加新四军，留下的仍然坚持斗争，直至上海解放。

■ 1942 年

□ 2 月，由郑馥荪等合资受盘戏鸿堂兴记笺扇庄，更名为戏鸿堂丰记印刷、文具、笺扇纸号。

□ 5 月，永祥印书馆改组为永祥印书馆股份有限公司。并于同年 9 月创建了彩印厂。

由钱顺涛独资创建民有印刷厂，厂址安庆路 351 弄 6 号，主要业务印刷零件、报表。



■ 1944 年

□ 10 月，由资方余培生创建青年印刷厂，厂址山西北路 19 弄 12 号，主要业务印刷零件报表。

■ 1945 年

□ 10 月 1 日，抗战胜利，国民政府上海市政府总务处接收芦泽印刷所，并改名为上海市政府印刷所。

祥成印刷所创建，地址芝罘路 50—52 号，经营业务为铅印零件印刷。

■ 1946 年

□ 3 月 6 日，铅印业同业公会奉令（上海市社会局）整顿，并正式宣布成立。

■ 1946 年

□ 5 月 29 日，由吴锦庭等负责人重新又建立上海市纸盒工业同业公会。会所迁至吴江路，初期会员只有 163 户，后逐渐发展至 350 户。

陈万年纸盒厂迁移到罗浮路 121 弄填福里 20 号，由儿子陈森堂出资改组扩建。

□ 7 月 9 日，上海市纸盒职业工会成立。办公地点设在云南路慈和里 698 号，理事长胡铨。



□ 9 月，上海市社会局指令上海市铅印工业同业公会与彩印工业同业公会合并改组为部属（经济部）团体所。

□ 12 月 1 日，三江印书馆创立，经营业务为铅印零件、书版等。

是年，资方朱守之创建远东商务广告公司印刷部，厂址凤阳路 228 弄 3 号。

■ 1947 年

□ 3 月 30 日，上海市铅印工业职业工会成立。主任委员何生。

□ 10 月 25 日，上海市印刷业产业工会成立，理事胡堃。

是年，上海市政府印刷所（前身为 1912 年日商开办的芦泽印刷所），由上海市兴业信托公司（官办）经营，更名上海市印制厂。工厂每况愈下，中国共产党地下党抓住时机发动工人改组“黄色”工会，中共地下党员担任会长，维护职工权益，培养了一批积极分子。1948 年中共地下党组织护厂斗争，向厂长和工头发出警告通牒，由共产党的外围组织的工人协会会员组成纠察队，保护工厂财产。

■ 1949 年

□ 5 月 25 日，钱锡声（原美术印书馆厂长，解放后为上海人民印刷四厂职工）为配合解放军解放上海承接印制《中国人民解放军布告》。该布告所有文字均由他自己在解放前夕，花了两个晚上，在关闭的门窗中，冒着生命危险，亲自用毛笔书写在印刷底版上，并于 25 日凌晨印刷，上午九时已经张贴在苏州河南边市区主要街口、商店橱窗上了。



31 日，上海市军管会任命吕蒙为文艺处美术室主任。美术室基本任务：指导全市美术工作、团体、创作、出版及其他活动事宜；配合组织推动美术界群众组织及活动；编辑画报、宣传政府的政策；建立美术供应机构。确定画报名《华东画报》。确立美术工场的建立计划。

是月，在中国人民解放军解放上海的战斗中，上海轻工业行业许多工人参加人民保安队，积极协助中国人民解放军攻据点，缴武器，抓俘虏，收散兵等，战事尚未结束，上海市印制厂工人勇敢地爬上外白渡桥顶端挂起“热烈庆祝解放军解放上海”等三幅标语。许多厂还及时抢修遭破坏的工厂，维护工厂附近的秩序。

是月，上海解放。上海市人民政府总务处接管上海市印制厂，军代表邓藏山等进驻工厂。

□ 7 月，上海国营中华烟草公司为摆脱困境，采用老解放区“飞马”牌卷烟商标，以“解放区名烟”作宣传广告，生产“飞马”牌卷烟。

□ 8 月，上海美术设计公司前身“上海美术工场”成立，隶属于上海市军事接管委员会文艺处。

□ 10 月 20 日，上海市日用品公司门市部在南京东路 627 号（浙江路口）正式开业，这是新中国成立后本市成立的第一家国营百货商店，也就是日后闻名遐迩的上海市第一百货商店的前身。该店是新中国成立后的第一家大型国有百货零售企业，被陈毅市长亲切地称为“我们自己的商店”。



□ 11 月 7 日，上海美术专科学校图案科改组为工商美术科，该科以“造就工艺美术人才，辅助工商业，发展国民经济”作为方针和任务，这是上海较早建立的专门培养工商业设计人才的专业系科。

是年，上海正式注册的包装装潢印刷厂有 464 家，纸盒厂 96 家。

■ 1950 年

□ 1 月，上海晶华玻璃厂被批准公私合营，随即迁往山东青岛建厂。专门生产啤酒瓶、汽水瓶、农药瓶、罐头瓶等玻璃包装制品。

□ 6 月 17 日，光明牌冷饮正式问世。从此，益民食品一厂生产出来的冰激凌为火炬形，商标定名光明牌。

是年，林成梁等 7 人在延安中路 604 号约 30 平方米的底楼，成立前店后工场的只有 17 名员工的“荣新内衣厂”，注册“绿叶”商标。

□ 10 月 19 日，陈兴泰机器制盒厂改名为陈新泰纸业印刷制盒厂，厂址迁至宁波路 108 号。以制盒业务为主，兼营纸张买卖及印刷业务。



是年，包装装潢印刷逐渐成为美化产品。上海凹凸彩印厂印制益民食品一厂威化巧克力包装纸，首次在铝纸上印刷彩色图案及文字。

■ 1951 年

□ 1 月 1 日，上海美术工场改称为“上海人民美术工场”。

□ 2 月，上海市公安局发布了《管理印刷铸字业暂行规则》，在此基础上办理印刷企业营业许可申请登记工作。

□ 5 月 12 日，在上海市工商行政管理局和上海市工商业联合会的领导下同业公会进行改组，建立以国营企业为领导的按专业组织的新型同业公会，上海市铅印工业同业公会正式成立。

□ 6 月 16 日，在上海市工商局和上海市工商联的指导下，由张嘉芳、邱衡约等人组织筹委会改组后，正式成立上海市纸盒业同业公会，会员数达 750 户。

□ 8 月 7 日，三元印刷厂将首创成功的防潮油用于纸箱印刷，并首批为福新烟厂印制防潮香烟纸箱。

是年，上海市纸盒工业同业公会成立时，会员已达 751 家。

■ 1952 年

□ 2 月 1 日，中华牌卷烟烟标注册，采用修改过的横式 20 支包装标样。



□ 6 月 6 日，印度艺术展览会负责人贝德里在上海美协代表沈柔坚、贺天健、张乐平、吕蒙等人的陪同下，到上海人民美术工场与上海美术界人士见面，交流两国美术组织、创作、展览等情况。

□ 8 月 18 日，上海市文化局吸收钱大昕为人民美术工场绘画科干事，上海市人民政府予以批复。

□ 12 月 10 日，上海市日用品公司门市部正式定名为“国营上海市第一百货商店”，“上海市百一店”各店形象逐步确立。

是年，上海联业麻板纸箱厂用宏文造纸厂生产有麻浆成分的 5 层麻板纸箱，可用作防潮防碎的搪瓷制品、玻璃器皿等外包装箱，为上海百货、针织、文化用品、医药、交电等采购供应站和上海食品、化工、丝绸、茶叶等进出口公司订用。

■ 1953 年

□ 4 月，上海飞达彩印厂因业务扩大，厂址迁至光启路 92 弄 1 号继续经营。设备有鲁林机及其他印刷机等 17 台，厂房有 3 层，面积共 618 平方米。

□ 5 月 25 日，上海玻璃制品厂改为上海玻璃厂。



三元印刷厂资方叶明远与中国百货公司上海采购供应站程雨田，用 118 厘米 ×136 厘米双全张麻板样张在甩棒车（胶印机）上印刷试验成功。中国百货公司上海采购供应站决定由宏文造纸厂正式投产麻板纸，作为推广防潮纸箱的专项用纸。

□ 6 月 1 日，上海玻璃厂划归中央轻工业部医药局直接领导，生产药用玻璃包装制品。

□ 10 月，上海市地方工业局印刷工业组成立，作为上海市印刷工业统一管理的领导机构。

是年，上海出版印刷高等专科学校成立。

是年，许良友凹凸彩印厂由于业务发展，厂址迁至成都北路 586 弄 3 号，资本 1.48 亿元（旧人民币），设备增至 10 台，主要业务有化妆品商标，酒类瓶贴、茶叶盒子等。

■ 1954 年

□ 9 月，中国萃众制造股份有限公司（上海）公私合营改名为萃众织造厂。其前身是当时的中国国货公司老板李康年与人合资兴办的中国萃众制造股份有限公司。414 毛巾问世于 1940 年，货号取用“试一试”的谐音“414”，用意是请大家来“试一试”“使一世”。产品问世前，商标由厂方登报征求，在数百件征稿中选中一幅用“萃众”二字拟成钟形的稿件，其含义是钟牌（萃众）产品，发之有声、声宏广传、一鸣惊人。

□ 10 月，公私合营景福针织内衣厂股份有限公司成立，所属“飞马”牌针织内衣始创于 1939 年。为了扩大和调整产品结构，该厂利用资金盈余，购置了缝纫机开始生产不同档次的汗衫和背心，之后又生产棉毛衫等市场热销产品，同时开始起用“飞马”牌商标。

五和织造厂企业公私合营，其前身为创建于 1925 年的五和花边厂，后与五和织造厂合并生产“鹅牌”汗衫。

是年，经改版的“飞马”烟标图案取消了马体上的双翅，成为一匹强劲有力的骏马腾空跃起，飞向空中，极具动感。从此，“飞马”牌香烟成为风靡上海的海派名烟。

是年，绿叶牌衬衫作为中国衬衫的唯一代表，参加了在苏联举办的服装博览会和民主德国举办的莱比锡服装展览会，“绿叶”品牌开始名声大振。

是年，公私合营时上海市打包业同业公会会员已发展到

231 家。

是年，上海在不影响茶叶包装质量的情况下，取消了上油上色的工艺规定，使木箱生产工艺大为简化，以满足大量出口的需求。

是年，上海自行设计的安瓿车间投产。

■ 1955 年

□ 12 月 6 日，上海市铅印同业公会代表全体会员，提出公私合营的申请要求。



是年，个体户于锡佑（1956 年公私合营时，并入天成烫金所）研制成透明胶带纸，填补了国内空白。

是年，华孚金笔厂与公私合营大同英雄金笔厂合并，开始对钢笔产品进行技术创新研究。

■ 1956 年

□ 1 月 16 日，上海纸盒工业同业公会代表全体同业 892 家纸盒厂，提出全行业公私合营的申请要求。

20 日，上海市印刷行业都实行公私合营。同年 3 月 4 日统计，公私合营的印刷厂共计 2 434 户，从业人员 25 108 人。

原私营轻工业工厂资本家为表示对公私合营的诚意，积极向企业增加投资，仅制笔、火柴、印刷、食品、文教、文体、皮革等 7 个行业，就投入新资 9.32 万元，黄金 26.32 两，银元 2 833 元，美金 288 元，公债 47 710 元，其中印刷业合计投资人民币 1.18 万元。

□ 5 月 22 日，上海文化广场社会文化服务组改组为“上海美术设计公司”，隶属于上海市文化局，涂克任首任经理。其业务范围主要为会场布置设计、模型设计制作、工业品美术设计。

□ 6 月 8 日，公私合营后，经调整的铅印零件业总户数 691 户，人数 5 623 人；经调整的纸盒行业总户数 411 户，人数 5 369 人。另有 481 户 3 人以下小厂划归合作社。



19 日，上海钟表工业公司筹备处申请将公私合营好友镜木作并入上海美术设计公司。

□ 7 月 20 日，上海烟草机械厂生产卷烟小包机。

上海市第一轻工业局决定将原上海市第一轻工业局印刷工业公司改组，划分为两个印刷工业公司：上海市第一印刷工业公司和上海市第二印刷工业公司。

□ 8 月 18 日，上海市第一商业局同意由上海市贸易信托公司负责筹建“上海市广告公司”。

30 日，上海市第一商业局批复，同意上海市贸易信托公司广告业交通、康泰、建青三户并入荣昌祥广告公司。

31 日，涂克向上海市文化局提交关于实用美术设计人员缺少问题的请示。其中提道：上海完全有必要建立一所实用美术学校，一则在较短期可培养一批新人才，二则可以吸收有关专业单位分批保送有培养前途或需要继续进修的人员，进行短期培训。

□ 10 月 27 日，中国广告公司上海市公司成立，公司于 11 月 1 日启用新章并于次日报上海市第一商业局备案。公司将全市合营后的广告企业按路牌、报纸、印刷、幻灯片、橱窗、照相喷绘等门类，归并为 6 户专业经营单位，即荣昌祥广告公司（经营路牌）、联合广告公司（经营报纸广告）、大新广告公司（经营印刷品广告）、银星广告公司（经营幻灯片广告）、工农兵美术工场（经营橱窗广告）、联挥广告美术社（经营照相喷绘）。



鲁迅逝世 20 周年，鲁迅墓从万国公墓迁到虹口公园内。上海市园场管理处造园科吴振千、柳绿华、颜文武等人改造设计了鲁迅公园（虹口公园）。

□ 12 月 3 日，上海市文化局关于上海美术设计公司曾路夫、周月泉同志任职的通知，任命涂克为经理（兼），曾路夫为副经理，周月泉为秘书兼美术科科长，王长林为布置科副科长，王根度为布置科副科长，姚继勋为模型科副科长。

6 日，中国广告公司上海市公司人事科提交“关于安排徐百益为公司业务科副科长”的报告，被称为中国广告界“老爷爷”的徐百益调入公司。

是年，纸盒行业外迁，支内建设的单位有：新中电池纸盒厂、公义制盒厂、裕兴纸盒厂，春生机器制盒厂等 4 个单位迁往合肥；两利奎记制盒厂、荣芳印刷纸盒厂、三友瓦楞纸盒厂、锦昌纸盒厂等 4 个单位迁往洛阳；慎泰纸盒厂迁往通化；诚明纸盒厂、锺央纸盒厂 2 个单位迁往杭州。

是年，为配合新型号缝纫机的面市，“飞人”牌商标被重新设计，人称“飞人展翅”，一直沿用至今。

是年，上海华丰印刷铸字所成为中心厂与汉文、求古斋等 22 家小型字模厂合并，成立上海字模一厂。



■ 1957 年

□ 4 月，蒙古人民共和国印刷代表团到许良友凹凸彩印厂参观。

□ 5 月，上海市轻工业局所属的上海市第一、第二印刷工业公司划归上海市出版局领导。

上海美术设计公司与中国广告公司上海市公司在上海美术馆联合举办“国内外商品包装及宣传品美术设计观摩会”，展出国内外各类广告美术作品 500 余件，参观人数达 6 000 余人。

□ 9 月，许良友凹凸彩印厂由上级调拨北京西路 441 弄 8 号厂房一幢，面积为 1 100 平方米，作为总厂。

□ 11 月 23 日，上海塑料二厂第一家研制成功聚氯乙烯吹塑薄膜。

是年，由张雪父设计、家喻户晓的永久牌标志诞生，并一直沿用至今。这个经典的标识采用“永久”两个汉字构成了“自行车”的外形，简洁大方，识别性强，成为 20 世纪七八十年代上海人心目中重要的品牌形象。

■ 1958 年

□ 2 月 15 日，中国广告公司上海市公司更名为“上海市广告公司”。

□ 3 月，由上海市轻工业局与上海钟表工业同业工会技术骨干成立的手表试制小组，成功推出 A581 型机械手表，注册商标为“上海”牌。



□ 4 月 1 日，上海市第一印刷工业公司将所属铅印零件行业各厂的行政领导权均移交各厂所在区的人民委员会负责管理（共 459 户，其中包括中心厂 45 户，职工 6 140 人）。

23 日，中国第一家手表厂正式成立，命名为地方国营上海手表厂。

经上海市第一印刷工业公司批准，许良友中心厂更名为上海凹凸彩印厂。

根据上海市《关于改进工业管理体制的规定》精神，将纸制品、纸盒两个行业的 664 户从业人员 11 818 人重新划归上海市轻工业局管理。

上海市手工业合作社下属的纸盒、纸袋行业转为地方国营厂后，归上海市出版局领导。

□ 5 月 13 日，上海市广告公司向上海市第一商业局干部处提交了关于解决美术绘图人员缺乏的意见报告。

三元印刷厂试制成功纸质纸桶，并于同年 11 月正式投产，为我国生产出口包装纸桶填补了空白。

□ 6 月，天成烫金所迁至延安东路 107 号，并改名为天成烫金用品厂（现上海烫金材料厂），原以烫金加工业务为主，后以生产烫金材料为主。



□ 8 月 21 日，上海美术设计公司下放给卢湾区人民委员会领导管理。

□ 9 月，上海凹凸彩印厂承印福建军区对台宣传品任务，图案有孔雀东南飞、梁山伯与祝英台、小孩放爆竹、贺新年、工农业大跃进等，在厦门前线用气球连同食品一起向金门、马祖放送，历时 8 年。

上海凹凸彩印厂革新成功自动圆盘印刷机，实现了进纸、出纸自动化，对减轻工人劳动强度，提高产量起了重要作用。

□ 11 月 1 日，上海市文化局任命刘杰为上海美术设计公司副经理。

29 日，外贸部、商业部、文化部、工商总局联合发出《关于外商要求刊登广告问题的处理办法》，指定上海市广告公司、天津市广告美术公司、广州市美术装饰公司负责承办外商广告业务。

是年，上海市对外贸易局配备专人筹建“上海对外贸易出口商品美术工艺综合工厂”，负责对外宣传、设计、制作、印刷、摄影和宣传管理，属外贸服务性企业。

是年，戏鸿堂印刷厂陈雅灿等在上海油墨厂的支持配合下，研制成功凸版塑料油墨。

是年，戏鸿堂、普业两印刷厂开始印制塑胶袋。



是年，天成烫金用品厂生产透明胶带纸，由手工操作改革成为半机板化生产，产量提高了 30 倍。

是年，各铅印零件印刷厂划归所在区的人民委员会负责管理后，为加强党的领导，各区先后成立了行业党委或总支，直至 1962 年，根据市委决定划交上海市手工业局文化体育用品工业公司管理。

是年，“上海”牌卷烟商标由上海烟草工业公司申请注册。该公司自行设计的商标图案是在大片绿色衬托下，把风光美丽的外滩，以有万国建筑博物馆之称的高楼大厦映现在上面。

是年，国内第一块高级半透明洗衣皂——扇牌洗衣皂由上海制皂厂研制成功。“扇”牌商标形态的设计直接取用了“扇”的原意，以一把打开的折扇，整体形态显得简洁、圆满而清澈，给人留下了深刻的印象。

是年，上海自行车三厂挂牌。工厂领导希望能在提高产品质量的同时，设计出一种符合新厂风格和人的精神面貌的新商标，创造新的品牌声誉。后来向社会征集设计图案。

是年，上海凤凰自行车有限公司创建了凤凰自行车品牌，在商标图案社会征稿中，消费者周先生设计的一款仪态秀美的凤凰图案，一举中标。1967 年，周总理充分肯定说，凤凰是吉祥之鸟，凤凰牌是人民喜爱的自行车。

■ 1959 年

□ 1 月 7 日，普业印刷厂职工贡协坤等五人研制成功聚氯乙烯包装袋新产品，主要用于出口产品服装、食品等的包装。



□ 2 月，德成纸品厂第一次接待捷克斯洛伐克社会主义共和国外宾参观，并向捷克斯洛伐克购进全张光电控切纸机。

□ 3 月 5 日，上海中国画院（筹）附设中等美术学校正式成立。

24 日，上海中华制药厂孙定义等，创造出我国高水平的仁丹纸袋包装机。并于 1965 年获得国家发明二等奖。

□ 4 月，天成烫金用品厂（现上海烫金材料厂）副厂长李应生研制成铝银浆、铝银粉，填补了国内空白。

□ 5 月 6 日，五一国际劳动节后，上海美术设计公司布置组进行了工作总结，其中提道：美工设计较往年有显著提高，主席台造型采用民族形式，色彩富丽，装饰图案能在民族传统图案的基础上，结合新的内容，效果较好。

29 日，上海市第一商业局批复同意上海市广告公司成立综合业务科。

□ 6 月，德成纸品厂（现上海纸箱一厂）试制统计用“穿孔计算卡片”取得成功，并正式投产。它的成功填补了国内空白，代替了进口产品。

□ 7 月，“上海对外贸易出口商品美术工艺综合工厂”成立。工厂建立后，出口商品广告发布最多的是中国港澳地区和新马等国的传统市场，宣传对象重点是当地消费者，为此在宣传方式上除采用报刊广告外，更多的是设计制作各种宣传品对外宣传。



27 日，为迎接国庆，上海市广告公司提交了整顿市容和加强广告工作宣传的请示报告。

□ 8 月，商业部在上海召开了由 21 个重要城市参加的并且是新中国广告史上一次具有重要意义的广告会议——“全国商业广告、橱窗和商品的陈列工作会议”。会议交流了新中国成立 10 年来公告工作的经验，指出商业广告应当具备社会主义特色，会议还提出了“为生产、为消费、为商品流通、为美化市容”的“四为”方针。从此开始，上海的橱窗陈列进一步将产品宣传与政治宣传结合起来。

□ 9 月 13 日，中华人民共和国第一届运动会在北京开幕，本届会徽由上海美术设计公司的倪常明设计。

上海凹凸彩印厂被评为全国工业、交通运输、基本建设、财贸方面社会主义建设先进集体。

上海市美术学校正式挂牌成立。

□ 12 月 12 日，中国食品出口公司上海分公司提交了公司样品宣传业务并入上海外贸美术工艺综合工厂的报告。

26 日，上海市广告公司编制完成商品目录，共 48 类。

是年春，上海飞达凹凸彩印厂将革新成功的自动化圆盘机在上海市工人文化宫展览，并与各地有关印刷厂交流革新经验。



是年，作为国庆 10 周年和容国团首夺世界冠军的纪念“礼物”，由周恩来总理命名的“红双喜”诞生，采用中国传统的双喜图案作为商标，英文直译为 DOUBLE HAPPINESS。

是年，上海美术专科学校成立，地址在天津路，工艺美术系主任为丁浩。

是年，上海轻工业高等专科学校艺术系成立。

■ 1960 年

□ 1 月 23 日，就捷克驻沪总领事馆阿达米克副领事、捷克广告公司来访事宜，上海市广告公司向上海市第一商业局党委提交答复准备报告。

□ 2 月，上海凹凸彩印厂采用印金新工艺获得成功。用印刷机印金，淘汰了手工揩金粉的落后工艺，既节省了金粉，又不污染环境，产量提高了 4 倍，质量又胜于揩金。

□ 3 月 31 日，上海市广告公司总支委员会提交要求调离徐百益印刷工厂副厂长工作的情况报告。

□ 5 月 24 日，上海对外贸易出口商品美术工艺综合工厂申请将茶叶公司印刷车间划归工厂管理，并就设备与人员补充问题作了补充报告。



□ 6 月 6 日，上海市广告公司拟在新加坡发布车厢广告，以扩大业务范围。为此公司向第一商业局提交报告。

□ 7 月，经闸北区工业局批准，由青年、民有、利锠三家印刷中心厂合并，改名为闸北印刷厂。

□ 9 月 1 日，上海美术设计公司人员涂克担任上海市美术专科学校油画系、雕塑系主任，领导全校创作；张雪父任工艺美术系专业教师。

是年，永星制皂厂更名为永星合成洗涤剂厂，并使用“新上海”牌产品商标。

是年，上海市出版局决定将上海市印刷工业实验室扩建为上海印刷技术研究所，朱文尧负责筹建。

是年，戏鸿堂印刷厂在生产、技术、质量和企业管理等方面成绩显著，被评为黄浦区区属工厂中的红旗单位。

■ 1961 年

□ 5 月 15 日，上海市广告公司提交关于生产技术人员画私稿所得收入不作贪污论处的报告。同日还有一份关于 1958 年画私稿以贪污论处现拟重新处理的请示报告。

□ 6 月 14 日至 21 日，上海美术设计公司主办的装潢美术作品观摩会在上海美术展览馆举行，展出商品包装、商标设计、商品宣传卡、招贴及其他装潢设计共 200 余件。

□ 8 月，上海印刷技术研究所正式成立，所长朱文尧。

□ 9 月 29 日，上海印刷技术研究所制订了《汉字印刷字体设计规范》，内容包括字形规范、部首偏旁规范、字形大小规范、笔画粗细规范、重心规范等，是我国第一部汉字印刷字体设计的标准范本。

□ 12 月 19 日，根据中共上海市委关于建立上海市手工业管理局的通知，上海市轻工业局将文教用品工业公司及文化体育用品工业公司中一部分属于手工业归口的行业划归上海市手工业管理局文化体育用品工业公司领导。

它们是制盒行业、办公用品行业、体育用品行业等 22 户工厂及天成烫金用品厂。

是年，黄河制药厂生产的乐口福，转由上海咖啡厂生产。

乐口福原称为乐口福麦乳精，使用九福牌商标。产品起源于 1937 年，由原九福化学制药股份有限公司生产，商标图案由九只蝙蝠围绕一个“福”字组成。产品于 1961 年试制成功投放市场后，深受市民欢迎，同时也成为主要出口产品。

■ 1962 年

□ 2 月 21 日，根据中共上海市委、上海市计委的指示，决定区属 22 个印刷厂划交上海市手工业局文化体育用品工业公司管理。



□ 4 月 26 日，上海市对外贸易局提交成立“上海市出口商品包装公司”和“上海市出口商品广告公司”的报告。

□ 6 月 13 日，上海市财贸政治部批复成立上海广告公司和上海市对外贸易包装公司。

30 日，上海市对外贸易局通知成立上海广告公司。

上海市广告公司外贸广告业务科划给上海市外贸局组建成立上海广告公司，归上海市外贸局领导。

□ 7 月 1 日，在上海对外贸易出口商品美术工艺综合工厂基础上成立的上海广告公司正式对外营业，统一办理全国各口岸进出口商品广告业务，成为中国第一家外向型广告企业。

□ 11 月 7 日，上海市广告公司总支委员会向上级主管部门提交“拟在本公司设计业务部设计、喷绘人员中试行超额生产奖励制度的请示报告”。申请于当月27日得到“同意”的批复。

□ 12月1日，中国美协上海分会举办“火柴盒贴艺术展览”，在上海美术展览馆开幕。展出由倪常明、徐昌酩收藏的19个国家1 500种火柴盒贴。

匈牙利人民共和国轻工部部长率代表团来上海凹凸彩印厂参观交流。



是年，第一款专为《辞海》排版用字设计的“宋体一号”“黑体一号”诞生。

是年，在宋体一号、黑体一号基础上设计书写的宋体二号和黑体二号，纳入国家《1963—1972年科学技术发展规划》，并以“创写汉文印刷字体”命名，正式立项为中心课题。从此，上海印刷技术研究所有计划地对宋、黑、楷、仿宋4种常用字体全面进行推陈出新。

是年，天成烫金用品厂副厂长李应生在其研制的铝银浆的基础上，又试制成功非浮型铝银浆。

■ 1963年

□ 1月21日，天成烫金用品厂研制成烫印纸，并投入生产，满足了全国毛纺厂出口的需要，填补了国内空白。

□ 2月12日，上海市农业局办公室委托上海市广告公司美术工厂丝印奖状加工。

□ 3 月，电化铝烫印新工艺在上海凹凸彩印厂试制成功。它对美化包装、提高商品档次、扩大业务起到了促进作用。

□ 4 月 1 日，上海市文化局、中国美协上海分会联合举办“德意志民主共和国工业造型艺术展览会”，在上海美术展览馆开幕。展品 800 余件，是当年设计的日用工业品造型，有陶瓷、玻璃器皿、室内饰品等。市文化局副局长方行、美协上海分会副主席林风眠出席开幕式。



3 日，中国美协上海分会筹备举办“上海实用美术设计展览”，沈柔坚、吕蒙、钱君匋、陈秋草、任意、蔡振华、倪常明等参加筹备工作。并组织美术家到永生热水瓶厂、上海玻璃厂、益丰搪瓷厂等了解生产过程，以利进行设计。

□ 5 月 25 日，中国美协上海分会成立“上海实用美术设计指导委员会”，目的是更好地推动美术设计工作。

上海印刷技术研究所各组室迁入新闸路 1209 弄 60 号，该处由上海市出版局调拨。

□ 6 月 19 日，上海市广告公司拟请商业一局对兼营广告美术个体会进行一次清理和一些工艺美术等个体研究归口以利工作。

□ 7 月 14 日，上海市美术专科学校在上海美术馆举办“预科学生毕业汇报展览会”。

31 日，上海市广告公司党总支委员会向上海市第一商业局提交“关于恢复广告管理科和调整加工场领导关系的请示报告”。

□ 9 月，上海凹凸彩印厂试制成功电化铝箔“烫金机”，填补了国内空白，保证了电化铝箔烫印工艺的顺利发展，有助于开辟新的包装业务。

□ 10 月 30 日，中国美协上海分会主办“1963 年上海实用美术设计展览会”，在上海美术展览馆揭幕。展出近年来上海日用品的设计图样和生产的实物。展览受到广大人民群众的欢迎。



□ 11 月 1 日，根据上海市计委（63）沪轻计马工三字第 1500 号文，将属于手工业局管理的文化体育用品工业公司所属的 24 个纸盒厂、24 个印刷厂及天成烫金用品厂等 4 个其他厂，划归上海市轻工业局领导。

□ 12 月 23 日，上海市广告公司关于社会广告美术个体户管理改造的情况汇报。

是年，戏鸿堂印刷厂在塑料薄膜上烫印电化铝获得成功。

是年，帮面采用拼音和双箭头标记的“飞跃田径运动鞋”投产，是年生产 161.6 万双，成为畅销品牌之一。

是年，“上海”牌小轿车诞生。由上海汽车制造厂生产，第一台上海牌轿车为手工打造，六缸发动机，这一年小批量生产 50 辆。

■ 1964 年

□ 1 月 5 日，上海交通大学等设计与制造出了双层列车。

天成烫金用品厂由延安东路 107 号迁址至天通庵路 663 号。

□ 2 月，上海凹凸彩印厂第一个技术改造项目批准立项，金额人民币 80 万元，用于购买顺昌路厂房及从日本引进对开单色小森胶印机、对开凸版自动印刷机等 6 台设备。

□ 3 月，上海凹凸彩印厂自编技术资料《印刷机器结构和保养》一书内部印刷出版。该书对印刷机保养、提高印刷机利用率起了积极作用。



□ 5 月，上海凹凸彩印厂自编技术资料《调墨技术资料》一书内部印刷出版。该书对掌握色彩及各类油墨应用有指导作用。

□ 7 月，金星制盒厂改名为金星印刷厂。

□ 8 月 7 日，为声援越南抗击美国武装侵略，上海美术设计公司组织人员投入创作活动。

上海凹凸彩印厂自编技术资料《商标印刷工艺规程》一书内部印刷出版。该书对提高印刷企业管理水平起了重要作用。

□ 9 月，上海凹凸彩印厂创办工业中学，招收小学毕业生 50 名，学制 3 年。

上海市轻工业局同意下列各厂更改厂名如下:

| 原 厂 名 | 更改后厂名 |
| --- | --- |
| 派林纸盒厂 | 延安制盒厂 |
| 陈万年纸盒厂 | 安庆瓦楞纸箱厂 |
| 戏鸿堂印刷厂 | 时代印刷厂 |

□ 11 月 20 日，普业印刷厂试制成功聚乙烯薄膜表面处理电子冲击机，并通过技术鉴定。

□ 12 月，上海塑料薄膜厂利用国产设备开发生产聚乙烯、聚丙烯及聚氯乙烯薄膜。



申江印刷厂与上海凹凸彩印厂合办“申江印刷技术专训班”，共招收学员 50 名。

上海凹凸彩印厂研制成功“四色凹印轮转、甩刀、分切联合机”，填补了国内空白，开辟了凹印包装的印制，提高了产品质量，深受客户欢迎。

上海塑料制品七厂生产的可发性聚苯乙烯泡沫塑料制品通过上海市轻工业局和上海市制笔塑料制品工业公司专家的鉴定，产品已接近联邦德国同类产品。

是年，上海印刷技术研究所专为《毛泽东选集》排版用字设计的“宋体二号”“黑体二号”诞生。

是年，天成烫金用品厂杨乃康在铝银浆的基础上，用明火焙烘试验成功铝银粉，填补了国内空白。

## ■1965年

□1月1日，上海市文化局、上海市轻工业局、中国美协上海分会联合举办“第四届上海实用美术展览”，在上海美术展览馆开幕。展品600余件，包括日用品造型设计、包装设计、商品宣传设计等图稿和实物，是设计者在调查研究的基础上，遵循适用、经济、美观的原则进行设计的收获。展期一个月。

上海市轻工业局批准上海市文教体育用品工业公司关于有关工厂更改厂名的通知，其中属包装装潢行业的有：



| 原厂名 | 更改后厂名 |
| --- | --- |
| 王荣泰瓦楞纸盒厂 | 沪南瓦楞纸箱厂 |
| 陈新泰制盒厂 | 淮海瓦楞纸箱厂 |
| 茂泰祥制盒厂 | 向阳瓦楞纸箱厂 |
| 大东印刷厂 | 建东印刷厂 |
| 商务印刷厂 | 浦江印刷厂 |
| 中国药业印刷厂 | 黄浦印刷厂 |
| 永固版纸箱厂 | 永固瓦楞纸箱厂 |

上海市轻工业局同意成德纸盒厂转业为机修厂。

□3月，成德机修厂改名为大众印刷机修厂。

□6月，德成纸品厂接待日本纸制株式会社社长来访、参观和交流。

□ 7 月，上海纸盒一厂被指定为当时上海唯一的家专业生产外贸出口包装用瓦楞纸箱的工厂。

□ 8 月 1 日，为了组织专业化生产，并加强纸桶生产的管理，三元印刷厂经上海市文化体育用品工业公司批准，将纸桶小组全部设备、材料、厂房及人员 25 人划归延安制盒厂。

□ 9 月 11 日，中华人民共和国第二届全国运动会在北京开幕，本届会徽由上海美术设计公司的倪常明设计。

上海铁路局开展托盘、网络、小型集装箱、砖笼、钢丝绳、预垫等多项运输包装。

上海塑料制品七厂和北京泡沫塑料厂研制的可发性聚苯乙烯塑料通过技术鉴定，投入工业化生产。

三元印刷厂举办半工半读训练班，招收初中毕业生 20 名。1966 年受“文化大革命”影响停课，全部安排工作。

上海凹凸彩印厂创办工读训练班，招收初中毕业生 20 名，学制三年。1965 年 11 月迁厂时由时代印刷厂代管。1967 年“文化大革命”开始停学，转为艺徒。

□ 10 月 16 日，行业调整后变更名称，原上海市文化体育用品工业公司改称上海市文教体育用品工业公司。

□ 11 月 20 日，上海市工商行政管理局关于加强商标设计工作转发上海市广告公司有关情况的通知。

上海凹凸彩印厂从北京西路441弄8号搬迁至顺昌路330号。厂房面积5 483平方米。

上海塑料制品七厂试制成功的可发性聚苯乙烯泡沫塑料制品投入生产，这项中国第一代包装衬垫新材料的推广运用，为塑料应用于包装领域开辟了新途径。

是年，为发展专业协作，上海市轻工业局对轻工行业的8家公司近百个生产方向作了重点调整。对产品重复交叉的如瓦楞纸箱、纸盒、衡器等产品的工厂进行重新分工；对生产过于分散，技术落后的工艺性生产进行裁并改组；对裁并厂用于新工艺技术的推广应用和按生产发展需要扩大零部件专业化生产，在这次调整中贯彻“大、中、小”企业相结合，以中、小企业为主方针，使企业适应市场变化而变换花色品种，有利于专业化生产的需要。



是年，鹅牌产品年产量达1 089.2万件，品种除一般的32支精梳精漂汗衫、背心外，有60/2支精梳、84/2支精梳汗衫、背心以及32支浅色棉毛衫裤等中档产品。

■ 1966年

□ 2月，天成烫金用品厂试制成功真空镀铝卷筒金箔（即电化铝）替代了传统的印金，弥补了印金变色和光亮不足的弊病，美化了产品的包装。

□ 7月，上海市广告公司设计的“芳芳”化妆品广告画稿被列为“宣扬资产阶级情调”的典型之一，作者遭到迫害，公司被诬为“复辟资本主义的工具”。

□ 8 月，上海卷烟厂派员专程赶到北京天安门广场，实地拍摄了一组照片，然后以此为蓝本，将“中华”商标图案作了细致的调整和描绘，使之在比例上更为精确。

□ 9 月，上海塑料制品七厂生产的自熄型可发性聚苯乙烯泡沫塑料制品通过江南造船厂六机部九所的技术鉴定。产品的自熄性能赶上和超过国际先进水平（当时美国、日本的自熄标准是离火三秒熄灭，上海塑料制品七厂创造了离火一秒内熄灭的纪录）。

□ 10 月 18 日，上海市文教体育用品工业公司通知 85 个厂正式更改新厂名，其中属包装装潢行业的有：纸盒厂 18 家，印刷厂 21 家，其他厂 2 家。



厂名变更情况如下：

| 原厂名 | 更改后厂名 |
| --- | --- |
| 德成纸品厂 | 上海纸盒一厂 |
| 准海瓦楞纸箱厂 | 上海纸盒二厂 |
| 永固瓦楞纸箱厂 | 上海纸盒三厂 |
| 安庆瓦楞纸箱厂 | 上海纸盒四厂 |
| 红星制盒厂 | 上海纸盒五厂 |
| 向阳瓦楞纸箱厂 | 上海纸盒六厂 |
| 东南制盒厂 | 上海纸盒七厂 |
| 沪南瓦楞纸箱厂 | 上海纸盒八厂 |
| 汉成瓦楞纸箱厂 | 上海纸盒九厂 |
| 中华制盒厂 | 上海纸盒十厂 |
| 新成制盒厂 | 上海纸盒十一厂 |

（续 表）

| 原 厂 名 | 更改后厂名 |
|---|---|
| 吕增茂纸盒厂 | 上海纸盒十二厂 |
| 群力制盒厂 | 上海纸盒十三厂 |
| 延安制盒厂 | 上海纸盒十四厂 |
| 江南制盒厂 | 上海纸盒十五厂 |
| 赵天福制盒厂 | 上海纸盒十六厂 |
| 三新纸盒厂 | 上海纸盒十七厂 |
| 敦煌制盒厂 | 上海装潢盒厂 |
| 上海市印刷二厂 | 上海人民印刷一厂 |
| 闸北印刷厂 | 上海人民印刷二厂 |
| 虹艺印刷厂 | 上海人民印刷三厂 |
| 静安印刷厂 | 上海人民印刷四厂 |
| 普陀印刷厂 | 上海人民印刷五厂 |
| 杨浦印刷厂 | 上海人民印刷六厂 |
| 上海凹凸彩印厂 | 上海人民印刷七厂 |
| 飞达印刷厂 | 上海人民印刷八厂 |
| 飞翔印刷厂 | 上海人民印刷九厂 |
| 申江印刷厂 | 上海人民印刷十厂 |
| 金星印刷厂 | 上海人民印刷十一厂 |
| 建东印刷厂 | 上海人民印刷十二厂 |
| 徐汇印刷厂 | 上海人民印刷十三厂 |
| 黄浦印刷厂 | 上海人民印刷十四厂 |
| 浦江印刷厂 | 上海人民印刷十五厂 |
| 时代印刷厂 | 上海人民印刷十六厂 |
| 普业印刷厂 | 上海人民印刷十七厂 |
| 祥成印刷厂 | 上海人民印刷十八厂 |

（续 表）

| 原 厂 名 | 更 改 后 厂 名 |
| --- | --- |
| 升兴印刷厂 | 上海人民印刷十九厂 |
| 远东印刷厂 | 上海人民印刷二十厂 |
| 三元印刷厂 | 上海纸盒印刷厂 |
| 天成烫金用品厂 | 上海烫金材料 |
| 大众印刷机修厂 | 上海人民印刷机械修理厂 |

大华纸盒机械修造厂更名为上海纸盒机械修造厂。



□ 11 月，上海人民印刷十七厂用国产金粉试印《毛泽东选集》塑料封面获得成功。

□ 12 月 5 日，上海市广告公司向上海市第一商业局提出"关于调整厂部名称的报告"，拟将"上海市广告公司美术工场"更名为"上海美术厂"。该申请于 12 月 12 日得到批复，同意更名为"国营上海市美术工厂"。

26 日，上海人民印刷十厂试制成功凸型金色毛主席像、塑料毛主席语录封套，并批量生产。

是年，缝纫机产品使用商标由"无敌牌"更名为"蝴蝶牌"，商标图案不变。"蝴蝶"正式成为上海协昌缝纫机厂（上海缝纫机二厂）缝纫机的产品商标。

是年，上海华文铜模铸字厂改名为国营上海字模二厂。

是年，上海印刷技术研究所停办。

■ 1967 年

□ 1 月，上海市广告公司拟对外使用“上海市美术公司”的名称。

□ 9 月 27 日，上海广告公司同意沪印三厂提出的对外宣传汉字改用简体字的建议。

□ 10 月 9 日，“五七公社”成立。

上海塑料薄膜厂使用国产设备开发聚氯乙烯热收缩包装薄膜。



上海包装印刷专业厂试制成功我国第一台塑料薄膜专用的轮转凹印机。

是年，上海人民印刷十六厂自制成功卫星式四色凹版轮转印刷机。

是年，上海塑料制品七厂研制的自熄型可发性聚苯乙烯泡沫塑料制品正式投产。

■ 1968 年

□ 3 月 9 日，上海市第一商业局革命委员会同意上海市美术公司更改公司名称，“同意拆除上海市广告公司旧名称，对外使用业经局批准的上海市美术公司革命委员会新名称”。

□ 6 月，上海纸盒一厂隆昌路 203 号厂房扩建竣工。总投资人民币 150 万元，扩建面积 2 234.80 平方米，总建筑面积 4 187 平方米。

□ 8 月，由上海人民印刷八厂自行设计建造的南大楼（三层）厂房竣工投产、建筑面积 1 457 平方米。

□ 10 月，上海烫金材料厂开始批量生产电化铝，年产量达到 2 959.5 卷。

是年第四季度，上海人民印刷十四厂职工克服厂小设备差的困难，经过几百次试验，终于试制成功在红封面厚纸上印金的新工艺，并采用这一工艺为《毛泽东选集》红封面印金 45 万套。



是年，为适应出口需要，根据国际商标法规的规定，以“上海”地域名称注册的“上海”牌相机更名为“海鸥”牌。

是年，上海人民印刷十厂最先印制成功毛主席语录封面，把领袖像和金字加工成凹凸形，还覆盖薄膜可不污不损而一举成名。

是年，上海塑料制品七厂研制成用于美术装潢、瓶盖衬垫的可发性聚苯乙烯吹塑纸，并投入生产，年产 100 吨。

是年，上海纸盒八厂纸箱车间，从陆家浜路迁至车站支路 144 号，建立纸盒车间。

■ 1969 年

□ 9 月 27 日，上海市美术公司就拟承接东风照相机厂生产任务向第一商业局请示，原东风厂现有专用设备（包括金工用车床、刨床、冲床及木工用创木、铣床等工具）及各种零件原则上全部移交，东风厂原有人员特别是有关生产上主要修理工、金工全部调入该公司。

是年，上海人民印刷十六厂（现上海人民塑料印刷厂）研制成功塑料凹版油墨，专用于四色凹版轮转印刷机。



是年，由上海塑料制品七厂制作的可发性聚苯乙烯泡沫塑料弹塞荣获中共中央、中央军委和国务院的嘉奖。

■ 1970 年

□ 1 月 31 日，上海市美术公司革命委员会停发有证个体美工业务，由地区安置。

□ 3 月，对“五七”牌五晶体管收音机的外观造型进行了改进设计，试制出“红灯”牌 501 型五管台式一波段收音机。

□ 5 月，上海纸盒印刷厂自制的两台 1101 型印刷机投入生产使用。

是年，上海人民印刷五厂 459 名职工与上海字模二厂 239 名职工全迁至湖北丹江，为当地印刷《毛泽东选集》增强了技术力量。

是年，上海塑料制品七厂自制的仿日本的可发性聚苯乙烯预发机投产，提高了发泡的产质量，实现了预发机械化，淘汰了生产初期的水预发。

■ 1971 年

□ 7 月，上海烫金材料厂试制成功红色电化铝。

是年，上海纸盒二厂试制成功第一台国产“三合一”（分纸、轧线、铡角）轮转机，并投入生产使用。

□ 8 月 25 日，周恩来总理在外贸部核心小组 1971 年 8 月 15 日《关于当前外贸出口工作情况的报告》上批示：“要做好包装工作。”

□ 10 月 14 日

1. 李先念同志在外贸有关人员座谈会上指出：“包装问题要研究。……要多调查研究，适应国际市场。除了货源外，商标、包装、花色、品种、质量都要调查研究，适应国际市场”。

2. 外贸部门在上海举办“包装装潢展览会”。

■ 1972 年

□ 3 月：

1. 上海烫金材料厂 6 色电化铝小样试制成功。

2. 外贸部门在上海召开“全国出口商品包装装潢工作会议”。

□ 4 月 28 日，上海人民印刷十八厂（现上海人民塑料印刷厂）首次研制成功玻璃纸涂塑复合材料新产品，为上海益民食品四厂印制了第一批复合包装材料——金华火腿面袋。

□ 5 月，上海工艺美术学校停办。

朝鲜民主主义人民共和国妇女代表团李贞顺一行八人来上海纸盒一厂参观。



□ 9 月 8 日，上海色织一厂试制成功国内第一台多滚筒磨绒机，为出口磨绒织物品种填补了缺口。

上海人民印刷十六厂试制成功了对塑料薄膜进行电子冲击表面处理的新工艺，从根本上解决了塑料薄膜印刷的牢度问题。

上海市轻工业局批复，同意上海人民印刷十九厂并入纸品二厂，上海照相制版材料厂并入上海烫金材料厂，以及撤销上海纸盒五厂和上海人民印刷五厂并入上海人民印刷四厂。

□ 10 月，日本首相田中角荣率团访华，上海赠送田中首相的礼品文房四宝锦盒与赠送代表团的图章礼品锦盒均由上海装潢盒厂制作。

□ 11 月，为利于生产，经文教用品工业公司同意，将上海纸盒十厂的任务、生产设备、劳动力等均划归上海纸盒十六厂安排（因纸盒十厂在 1970 年已转产生产电子产品——扫频仪）。

上海市轻工业局批复，同意上海人民印刷六厂并入上海制笔零件二厂。

经上海市轻工业局批复同意撤销上海纸盒六厂，并入上海红峰体育运动器材厂。

□ 12 月，上海烫金材料厂 6 色彩色电化铝正式投产。



上海人民印刷十四厂引进四开双色海德堡及单色海德堡印刷机各一台，合计人民币 163 000 元。

是年，上海人民印刷七厂第二个技术改造项目由外贸部批准，金额为人民币 410.92 万元，引进对开海德堡凸印双色机、四开海德堡胶凸印机，自动烫金机等 4 台设备。

是年，上海纸袋印刷一厂开始实施产品结构的调整和更新，开辟了全国首家生产磁性塑料盒的先例，成为全国文具盒行业的带头厂，年底，正式投产第一只产品 E5115 磁性塑料文具盒。

是年，上海第一毛纺织厂根据市政府指示，特请人设计了“凤凰”牌毛毯商标。

是年，在政府有关部门的统一调整下，位于上海斜土路枫林路口的上海金星金笔厂停止金笔生产，转为电视机生产，工厂改名为上海电视一厂。此后，上海第一台晶体管黑白电视机在该厂诞生，告别了电视机的电子管时代。

■ 1973 年

□ 3 月 30 日，上海烫金材料厂生产的“孔雀”牌电化铝烫印箔首次出口东南亚国家和地区。

□ 4 月，上海市美术公司在市郊城镇试行“小路牌群”广告形式，宣传农村适销对路的商品，但不久以后就在“反复辟”声中再次被拆除。



□ 5 月，上海人民印刷八厂自制印刷设备，仿制海德堡机成功，为逐步走向自动化奠定了物质基础。

□ 6 月，上海人民印刷十八厂自行设计，制造出挤出复合设备。

□ 7 月 29 日，上海人民印刷十八厂自行设计制造成功胶卷衬纸凹版轮转印刷机，并为上海感光胶片厂首次印制了“120”黑白胶卷衬纸，获得成功。

□ 8 月 3 日

1. 陈云同志电话指示：“……改进包装问题，有政治和经济两方面意义。政治上要强调促进国内生产，提高产品质量，可以提高国际声誉；在经济上花很少成本（原料加工费），可以挽回很大数量的外汇，所以经济上也有很大意义。传达时要向管包装的同志讲清这两方面的意义。”

2. 北京、上海、天津、广州等地 16 个专业美术设计单位发起的“16 单位包装装潢经验交流活动”第一次在天津举行。以后，1974 年在沈阳、1975 年在哈尔滨、1977 年在广州、1978 年在上海、1979 年在北京连续举行了 6 次会议。

□ 9 月，上海纸盒一厂研制玉米淀粉黏合剂热制法取得成功，以此代替长期使用的泡化碱，提高了外贸纸箱的质量，且具有黏结牢、干燥快、不泛碱、成本低的特点。



□ 12 月 7 日，上海广告公司原上级主管部门（对外贸易局）提交关于充实包装广告机构编制的请示报告。其中提到，为了便于开展对国外的广告工作，可沿用原“上海广告公司”的名称开展国外广告业务。

是年，上海纸盒一厂为越南人民民主共和国培训纸箱工人 3 名。同年上海纸盒四厂也为越南人民民主共和国培训了纸箱工人 7 名，并为他们测绘了厂里自制的分、碰、铡三合一轮转机图纸。

是年，第二衬衫厂以美国名牌“阿罗”为赶超目标，并注册海螺商标。

■ 1974 年

□ 9 月，上海人民印刷十七厂研制成功聚酯 / 真空镀铝 / 聚乙烯复合包装新产品——菊花晶包装袋。

是年，上海塑料制品七厂自制的半自动压机投产使用，压机实现半自动化后，操作工人可以一人看两台压机，为日后的群控打下了初步基础。

■ 1975 年

□ 4 月，由上海、北京、天津、广州等城市的有关单位发起的“第一次全国印铁制罐技术经验交流大会”在江苏无锡召开。自此之后，这种自发性的活动于 1976 年、1979 年、1981 年分别在杭州、烟台、长沙召开了第二、三、四次全国印铁制罐技术经验交流大会。



□ 7 月 1 日，上海纸盒印刷厂技术革新小组，改造成功“单机印字上油一条龙”，使箱版印刷的效率提高一倍，成为中国第一台箱版印刷专用印刷机。

□ 8 月，上海人民印刷七厂创办技工学校，学制两年，招收应届中学毕业生。1983 年并入上海市包装装潢工业公司技工学校。

□ 9 月，上海人民印刷十六厂的扩建项目竣工迁厂至朱行路 11 号。该项目征地 11.35 亩，投资 135 万元，完成建筑面积 8 224 平方米。

□ 12 月，上海市木材供应公司和无锡市钙塑材料厂都研制成功钙塑热粘成型机。热粘合工艺和热粘机的研制成功，为钙塑箱的工业化生产开辟了道路。

是年，上海塑料制品七厂年利润突破 1 000 万元，完成

1 057.47 万元。

是年，上海纸盒十三厂并入上海人民印刷七厂。

是年，上海成立汉字信息处理系统输出小组，主要从事汉字信息处理工作。

■ 1976 年

□ 5 月，上海人民印刷十五厂并入上海人民印刷二十厂。

上海纸盒三厂和纸盒四厂合并迁往朱行生产，厂名改为“上海纸箱厂”。



□ 8 月，上海人民印刷九厂并入上海人民印刷八厂。

□ 10 月，上海塑料制品二十厂于 1973 年研制成功的聚氯乙烯（PVC）硬片正式投产，为国内首创产品。

是年，上海印刷技术研究所重新运作并重建字体室，恢复字体设计。

■ 1977 年

□ 3 月 8 日，上海市外贸局提交关于成立中国出口商品包装总公司上海包装广告分公司的请示报告。其中提道：“上海外贸广告公司于 1970 年撤销，但对外一直没有公开宣布过……在广告宣传上对国外仍使用上海广告公司名称”。

□ 4 月，上海人民印刷十六厂、十七厂，十八厂三厂合并迁往朱行路 11 号生产。合并后厂名改为“上海人民塑料印刷厂”。

□ 5 月 14 日，上海市革委会财贸组同意成立中国出口商品包装总公司上海包装广告分公司，并向市委、市革委会提请报告。

□ 6 月 16 日，上海市革委会财贸组提交同意成立中国出口商品包装总公司上海包装广告分公司的请示，该请示于当月 28 日得到“同意成立”的批复。



□ 8 月，上海人民印刷八厂创办技工学校，学制二年，共招收三届中学毕业生。1983 年并入上海市包装装潢工业公司技工学校。

□ 10 月 10 日，上海市革委会财贸组批复建立上海包装广告分公司党委、革委会，并公布干部任职名单。

□ 12 月 22 日，上海塑料制品七厂锅炉因严重脱水，造成锅炉烧坏报废，直接经济损失达 5 万元。

是年，印刷行业开展学大庆劳动竞赛，提出百万印无事故，不超损（损耗率为 7%）的目标，通过实践创造了“三不离”（人不离机器、眼不离产品、心不离质量）先进操作法，涌现了大批先进人物，并为降低损耗率打下了良好基础。

是年，上海烫金材料厂工程师吴祖德、陈梦玉组织研制电化铝新品种，经一年多努力，定名为一号电化铝色层配方试制成功，它是适用于在油墨纸、白版纸上烫印的电化铝。

是年，上海人民印刷七厂经上海市轻工业局技改处，文教体育用品工业公司批准第三个技术改造项目，金额为 217.97 万元，引进海德堡对开凸版印刷机 2 台。

是年，上海塑料制品七厂自行设计制造的多层平板成型机投产使用。这种成型机一模可出 14 块平板，为生产力的提高起了很大作用。



是年，上海印刷技术研究所钱惠明主持设计的印刷活字字体“宋体二号”获得上海市重大科学技术成果奖。

■ 1978 年

□ 1 月 1 日，根据行业调整归口的需要，上海市轻工业局成立制笔工业公司，管理铅笔、圆珠笔、自来水笔、印刷、纸盒等有关行业。

□ 3 月 3 日，原由上海市手工业局玩具公司管理的杨浦、虹镇、江宁、光明、中兴等纸盒厂及文教工业公司管理的吴淞印刷合作工厂、静安纸盒印刷厂共 7 户，归口上海市轻工业局所属的制笔工业公司领导。

□ 4 月，上海纸盒三厂、四厂合并为上海纸箱厂，出口工业品生产专项贷款迁厂扩建项目竣工。厂房建于朱行，投资 168 万元，占地 18.83 亩，建筑面积 10 000 平方米。

□ 6 月 28 日，为加强专业化生产和发展轻工产品的包装装潢，经上海市轻工业局讨论决定，自 1978 年 7 月 1 日，将原属上海制笔工业公司领导的纸盒、印刷行业共 38 个企业，划归上海市包装装潢工业公司领导。

经国务院批准，外贸部包装研究所改建为中国出口商品包装研究所。下设北京、天津、上海、江苏、广东 5 个分所。

□ 7 月 1 日，原属上海制笔工业公司领导的纸盒、印刷行业共 38 个企业，由上海市轻工业局划归上海市包装装潢工业公司领导。



1 日，上海市包装装潢工业公司成立，这是包装装潢和包装材料专业公司，也是行业历史上第一个实行专业化管理的公司。公司下属包装印刷、塑料包装和纸箱、纸盒三个行业的包装装潢企业共 39 家，其中：包装印刷厂 14 家，纸箱、纸盒厂 18 家，其他包装材料厂 6 家，制版厂 1 家。公司成立后，公司经理室及各职能部门，发挥经营管理中心的作用，着重抓了以下环节：(1) 提高产品质量，结合开展创优活动，推行全面质量管理。(2) 抓提高包装设计水平和包装材料的科研与试制。(3) 推行经济核算，开展经营分析活动，建立和健全会计制度。(4) 抓全员培训，基层厂抓工人技术培训，公司教育中心负责干部技术和管理教育。公司建立了教育中心，担负着教育培训的任务：一是举办企业管理厂长研究班，二是举办技术人员科技研究班；三是举办包装设计研究班；四是举办各种专门管理学习班；五是举办外语学习班等。

□ 9 月 30 日，为了适应包装装潢行业印刷的需要，更好地组织专业化生产，将上海人民塑料印刷厂的制版车间，改建为上海人民印刷制版厂，并于 1978 年 9 月 30 日正式成立。

□ 10 月 28 日，上海市包装技术研究会（上海市包装技术协会初名）在上海音乐厅举行成立大会。我国第一个地区性的包装及包装设计社会团体诞生。白峰任理事长。

上海纸盒八厂和上海纸盒九厂合并，厂名定为“上海纸盒九厂”，厂部设在车站支路 144 号。



□ 11 月，上海人民印刷十四厂并入上海人民印刷八厂。

上海轻工业局成立包装装潢公司。

是年，上海人民印刷十一厂创利 331.9 万元，人均创利达 20 874 元。

是年，上海纸盒二厂（现上海纸箱二厂）创利 291.8 万元，人均创利达到 20 264 元。

是年，上海人民塑料印刷厂经国家计委批准扩建复合包装材料车间，贷款 360 万元，征地 10 亩，土建面积 5 000 平方米，引进一米幅宽六色凹印机等设备 7 台 / 套。

是年，上海纸箱厂安装了国内第一台自行设计制造的 ZH-2200 型五层楞纸板联合生产线，1979 年 7 月调试结束，正式投入生产使用。

是年，上海市轻工业学校更名为上海轻工业专科学校。

■ 1979 年

《实用美术》杂志创刊，由上海人民美术出版社主办发行，周峰任主编。创刊号发表了徐百益、蔡振华、刘维亚等设计家的文章。

上海人民塑料印刷厂 1978 年度完成利税 1 050.40 万元，首次突破利税千万元大关，创该厂历史最高纪录。



上海纸盒十二厂并入上海纸盒十一厂。

□ 2 月，上海塑料制品二十厂改名为“上海包装材料一厂”。

□ 3 月 23 日，上海市第一商业局同意将上海市美术公司更名为上海市广告装潢公司的通知。

□ 4 月，为加强包装工业的科学研究，上海市包装装潢工业公司所属“上海包装装潢研究中心站”正式成立，它是上海市包装装潢工业公司的包装设计、包装材料的科技研究中心，也是包装装潢和包装材料的情报中心。它设置的主要机构有情报资料室装潢设计室、科学实验室等。

上海人民印刷十二厂并入上海人民印刷一厂。

□ 5 月，经上海市轻工业局批准，上海人民印刷七厂（现上海凹凸彩印厂）实行第四个技术改造项目：其中，从联邦德国引进海德堡对开四色高速胶印机一台，这是国内引进的第一台同类型设备。

□ 6 月，“凤凰”牌毛毯商标正式注册。

上海市美术公司更名为上海市广告装潢公司，恢复经营广告业务。此时员工数近千名，并拥有国内各类广告业务的经营权。

□ 9 月，上海装潢盒厂首次为国家经委制作国家质量奖盒，其中金质奖奖盒 80 只，银质奖奖盒 180 只，材料是木材公司提供的优质黄波罗木材。



上海人民印刷制版厂开办制版专业技校，共招收两届学生，1983 年并入上海市包装装潢工业公司技校。

□ 10 月 22 日，对外贸易局向上海市委、市革命委员会提出“恢复成立上海广告公司的请示报告”。

27 日，上海市广告装潢公司和北京美术公司等共同在上海举行有 12 个地区 13 个单位参加的“全国部分地区广告业务第一次交流会”，通过了“13 个单位广告业务协议书”，奠定了全国广告代理制的基础。会议委托公司筹办《中国广告》杂志。

27 日，日本三井代表团一行 11 人来上海纸盒一厂参观访问。

29 日，“蜂花”檀香皂商标注册（隶属于上海制皂集团）。该产品首创于 1928 年，由中央香皂厂生产。这种香皂外形具有浓郁的东方色彩，香气优雅，价格适中，深受用户喜爱，是国内较早出口的香皂。

徐宝庆出席“全国工艺美术创作设计人员第二届代表大会”，被授予“为我国工艺美术事业做出重大贡献”勋章。

上海纸盒十四厂撤销，并入上海纸盒十六厂。

□ 11 月 14 日，上海市委组织部予以批复，上海广告公司正式恢复经营。



15 日，意大利包装代表团到上海纸盒一厂参观访问交流。

□ 12 月 26 日，上海市广告装潢公司向上海市第一商业局提交直接承办外商广告的申请报告。

上海纸盒十五厂购进第一套中细瓦楞生产设备瓦裱机，开始生产瓦楞纸盒。

是年，上海人民印刷十一厂引进四开凸版单色机（KSD），对开凸版单色机（KBD）各一台。

是年，上海印刷技术研究所开始为英国蒙纳公司的中文激光照排系统补写数字化字库工作，并购买了该公司的激光照排机。

■ 1980 年

□ 1 月 16 日，上海人民塑料印刷厂研制的多层无纸复合软管材料通过了上海市轻工业局组织的技术鉴定。

□ 5 月 15 日，由上海市包装技术研究会组织的“上海包装装潢展览会”在上海美术馆开幕。这是上海包装界的第一次展示会，是上海包装装潢艺术的一次检阅，来自轻工局、手工局、外贸局、医药局、纺织局及有关专业设计单位的 2 000 余件展品，千姿百态，显示了上海包装设计界的雄厚实力。展览期间出 7 期专刊，评选优秀作品 106 件。黑龙江、北京、天津、福建等省市的有关领导同志参观了展览，并应福州市包装协会的邀请，展览会移至福州展出。



□ 6 月 11 日，上海人民塑料印刷厂研制成功的光电定位四色凹版轮转印刷机通过上海轻工业局组织的技术鉴定，为国内塑料薄膜包装印刷生产提供了新技术，填补了国内空白。

为向人民群众宣传普及包装设计知识，由上海市包装技术协会会员陈梁同志协助上海电视台拍摄的《一枝红杏出墙来》，在上海电视台播放。

上海纸盒一厂与杨浦纸品合作工厂经上海市轻工业局同意实行国集联营，在三年联营中使杨浦纸品厂在生产技术管理、产品质量等方面有了提高。由于两厂的所有制不同，在利润分配、奖励制度等方面不容易处理好，至 1983 年 3 月，经轻工业局批复联营撤销。

□ 7 月 2 日，上海市包装技术研究会召开第一届年会，选举产生了第二届理事会。此次年会决定将上海市包装技术研究会改名为“上海市包装技术协会”。

上海纸盒一厂经上海市城建局批准，在隆昌路 210 号兴建的新大楼全面竣工验收，建筑面积 1 210 平方米。

□ 12 月 14 日，英国包装工业研究会主席诺埃尔布莱其来上海纸盒一厂（现上海纸箱一厂）访问交流。

上海医药玻璃总厂三分厂研究的药用玻璃瓶热收缩包装技术和收缩炉在上海通过技术鉴定，获国家科技成果三等奖。



上海人民印刷机修厂与上海纸盒机修厂合并，合并后定名为“上海包装装潢机修厂”。

是年，由上海纸盒一厂郑麟书翻译、吴云甫校正的《瓦楞纸箱业务知识》一书内部发行。该书系日本专家五十岚清一编著，对纸箱行业现代化生产起指导作用。

# 后　记



本书付梓之际，不禁感慨万千。从黄建平老师为我确定博士生研究课题为“上海民国包装设计”，到陈青老师帮助我确定博士后研究目标为“新中国三十年上海包装设计”。我的科研生涯有幸得两位先生引路和指导，实属荣幸至极。

特别感谢为本书的前身，即我的博士后出站报告进行指导、建议和优化的陈青老师。陈先生严谨的治学态度、高尚的师德品格，垂范于本书成文的始终，让我受用终生，也是对我工作的莫大鞭策。在本书写作过程中，我通过多种途径对文中所用资料进行收集，过程中的碰壁与挫折已成为该书成文的习惯。但庆幸的是，一路走来得到了很多专家的帮助，感谢顾传熙、郭纯享、姜庆共、任美君、赵作良等老师，他们为本书提供资料、解答、建议和支持；还要感谢已注明参考、引用的各类论著、论文及其他文献资料（包括网络未署名）的作者，所有引用资料支撑起本书的主干，丰富了本书的内容；最后，感谢本书编辑倪天辰女士，为本书的出版付出了辛勤的汗水。

本书是2023年度上海市哲学社会科学规划课题青年项目“新中国三十年上海品牌包装设计研究”的阶段成果。由于我的研究水平、材料掌握和学术视野的局限，一隅之见，定有诸多纰漏和遗憾，以现代上海包装设计内容之繁广，时代形势之复杂，挂一漏万在所难免，不妥之处，敬请各位读者不吝赐教，日后有机会修订再版，一并修正、补充。

李明星

2023年11月于上海